U0058376

放走刺蝟的 8000個理由

動物求生的機密策略

沃爾頓向查斯‧克頓要了他最喜歡
用的那種假蟲餌。他回答：「給我
野兔的耳朵和一根好用的鐵絲，我
就做出來給你。」

獻給跟我這麼氣味相投的唐娜——尤其我們對野生動物
有相同的熱愛。感謝你給我的支持與鼓勵。

放走刺蝟的 8000 個理由：
動物求生的機密策略

作　　者：馬丁·諾維敦
插　　畫：馬丁·諾維敦
翻　　譯：錢　艾
主　　編：黃正綱
文字編輯：盧意寧、許舒涵
美術編輯：吳思融、張婉琳、秦禎翊
行政編輯：潘彥安

發 行 人：熊曉鴿
總 編 輯：李永適
版　　權：陳詠文
發行主任：黃素菁
印務經理：蔡佩欣
財務經理：洪聖惠
行銷企畫：鍾依娟
行政專員：簡鈺璇

出 版 者：大石國際文化有限公司
地　　址：台北市內湖區堤頂大道二段 181 號 3 樓
電　　話：(02) 8797-1758
傳　　真：(02) 8797-1756
印　　刷：博創印藝文化事業有限公司
2014 年（民 103）12 月初版
定　　價：新臺幣 399 元
本書正體中文版由 Firecrest Books Ltd. 授權
大石國際文化有限公司出版
版權所有，翻印必究
ISBN：978-986-5918-79-8（精裝）
＊ 本書如有破損、缺頁、裝訂錯誤，
請寄回本公司更換

總代理：大和書報圖書股份有限公司
地　　址：新北市新莊區五工五路 2 號
電　　話：(02) 8990-2588
傳　　真：(02) 2299-7900

國家地理學會是全球最大的非營利科學與教育組織之一。在1888年以「增進與普及地理知識」為宗旨成立的國家地理學會，致力於激勵大眾關心地球。國家地理透過各種雜誌、電視節目、影片、音樂、無線電臺、圖書、DVD、地圖、展覽、活動、教育出版課程、互動式多媒體，以及商品來呈現我們的世界。《國家地理》雜誌是學會的官方刊物，以英文版及其他40種國際語言版本發行，每月有6000萬讀者閱讀。國家地理頻道以38種語言，在全球171個國家進入4億4000萬個家庭。國家地理數位媒體每月有超過2500萬個訪客。國家地理贊助了超過1萬個科學研究、保育，和探險計畫，並支持一項以增進地理知識為目的的教育計畫。

國家圖書館出版品
預行編目（CIP）資料

放走刺蝟的 8000 個理由：動物求生的機密策略
馬丁·諾維敦作 — 初版 錢艾翻譯
－臺北市：大石國際文化，民 103.12
64 頁：28×21.5 公分
譯自：A Sketchbook of Animal Survival
ISBN　978-986-5918-79-8（精裝）
1. 動物行為
383.7　　　　　　　　　　　　　103025741

Publishing Consultant: Peter Sackett.
Designer: Phil Jacobs.
A FLYING KITE BOOK.
Copyright © 2009 Firecrest Publishing Ltd.
Copyright Complex Chinese edition © 2014 Boulder Media Inc.
All rights reserved. Reproduction of the whole or any part of the contents without written permission from the publisher is prohibited.

放走刺蝟的
8000個理由

動物求生的機密策略

作者/插畫：馬丁‧諾維敦　翻譯：錢艾

目錄

前 言

「我見過一隻隼從30公尺的高空向下俯衝去抓一隻老鼠。從那麼遠的地方看到草叢中的老鼠，隼是怎麼辦到的？」

多年來，這樣的疑惑和其他大大小小的問題使得馬丁‧諾維敦貢獻了這本特別的私房作品，與我們分享他對動物行為豐富的知識。在他的解說中，除了介紹動物為了生存所採用的策略、技能和工具外，更流露出他對大自然的熱愛與崇敬。

這位知名的野生動物插畫家最熱愛的，就是帶著他的素描本，坐在戶外描繪他身邊的大自然，為此他傾注了畢生的心血，作品更啟迪了很多人願意去嘗試動物插圖的繪製。這本書完成後不久，馬丁就去世了。

馬丁一直以來都在探索動物和牠們生存環境之間的微妙關係，他是這麼說的：「隨便問一個表演走鋼索的人，他會告訴你：『取得完美平衡，正是成功的不二法門。』我們每個人，其實也正在鋼索上走著……」

馴養

為什麼有這麼多種類的狗？

恐龍滅絕後，哺乳動物開始在地球上活躍起來，很像狗的動物第一次出現了。犬科家族的老祖宗就是這種遠古的生物(a)。犬科中公認有35個物種，遍布世界各地，如胡狼、灰狼、郊狼、狐狸等等。如果不算家犬，世界上只有紐西蘭和新幾內亞沒有犬科動物。犬科動物單憑成群結隊以及尾隨在大型肉食動物身後，就能成功在野外以食腐和捕獵維生，但牠們卻迅速加入了早期人類的狩獵活動，而且還從中學到人類的技能。最古老的人類——澳洲土著，正是跟他的狗一起狩獵的。今天，這些狗被稱為澳洲野犬。

印度北部發現了一筆非常古老的文獻，裡頭記載了一種動物。透過翻譯，我們從字裡行間發現「小紅狼」這幾個字(b)。也許，這正是所有現代狗真正的祖先——第一隻和人類建立起友誼、接受人類幫助，並靠這種策略生存的動物。

雖然兩個物種的出現相隔數十萬年，野狗和家犬在地盤爭奪和群居習慣上都顯現出完全相同的特徵。無論是什麼環境，狗都能成功融入。

a
犬齒獸
6500萬年前

郊狼
Canis latrans

小紅狼
4000萬年前
b

特徵

狗是非常聰明的動物，牠們欣然接受自己是狗群的一份子的事實。在狗群中，共同利益跟個體需求比起來，是受到更優先考慮的，這種生存手段稱為利他主義，這本書後面還會再談到它。

「食宿免費，什麼事都不用做，整天就是打盹和抓癢……」
——W.C.菲爾德，《狗一樣的生活》

牠們善於奔跑，在長距離奔跑中能保持住速度——這一點對集體獵食來說非常重要。比起速度，牠們為了要跟上人類，所以更需要的是耐力。到了捕殺獵物的關鍵時刻，狗在衝刺時所發揮的爆發力也使牠們成了人狗合作的狩獵團隊中不可或缺的一員。狗的視覺、嗅覺和聽覺都特別發達。究竟是什麼原因讓牠們願意與人類同生共死，可能永遠無解。為了回饋那溫暖而安全的窩、餐餐有著落，以及人類的喜愛與友誼，牠們把生命完全交付給人類。

狐狸犬
Canis pomeranus
公元前 *2000* 年

非洲野犬
Lycaon pictus

地盤
狗會用氣味濃烈的尿液來標記自己的領域，也就是畫地盤。
這個行為從最早的犬類開始成群狩獵起就已出現，至今沒有
改變。那種氣味是來自狗尾巴根部的一個腺體。

從洞穴中的壁畫可以知道：人類與狗的合作關係早在數萬年前就已開始。

這隻愛爾蘭獵狼犬和成年吉娃娃之間巨大的差異告訴了我們：現今狗的品種豐富而多樣。

那麼狗究竟是從哪裡來的呢？有人說是從狼演化來的，原因不難理解。在狼身上找得到狗的所有特性，不妨看看德國牧羊犬，你會發現牠跟狼是多麼的相似。問題是，這個品種的狗只出現不到三百年。如果讓狗隨意交配，牠們不會像想像中那樣逐漸恢復成狼，而是變成一種中等大小、毛髮蓬鬆、豎著三角形尖耳朵，並且有條毛茸茸的粗尾巴的動物。有些洞穴的壁畫中，就能看見這樣的動物跟在獵人身邊狩獵。無論牠們是什麼，絕對不會是狼。

達爾文認為狗的祖先應該是種早已滅絕、他稱之為「原狗」的動物。另一派說法則認為狗的遠祖是狼和郊狼的混種。我只能說，我們真的無從得知。

「在人類身上見得到的忠誠是有限的。而真正的、最純淨的忠貞，只能在狗身上找到。」
——傑克‧倫敦

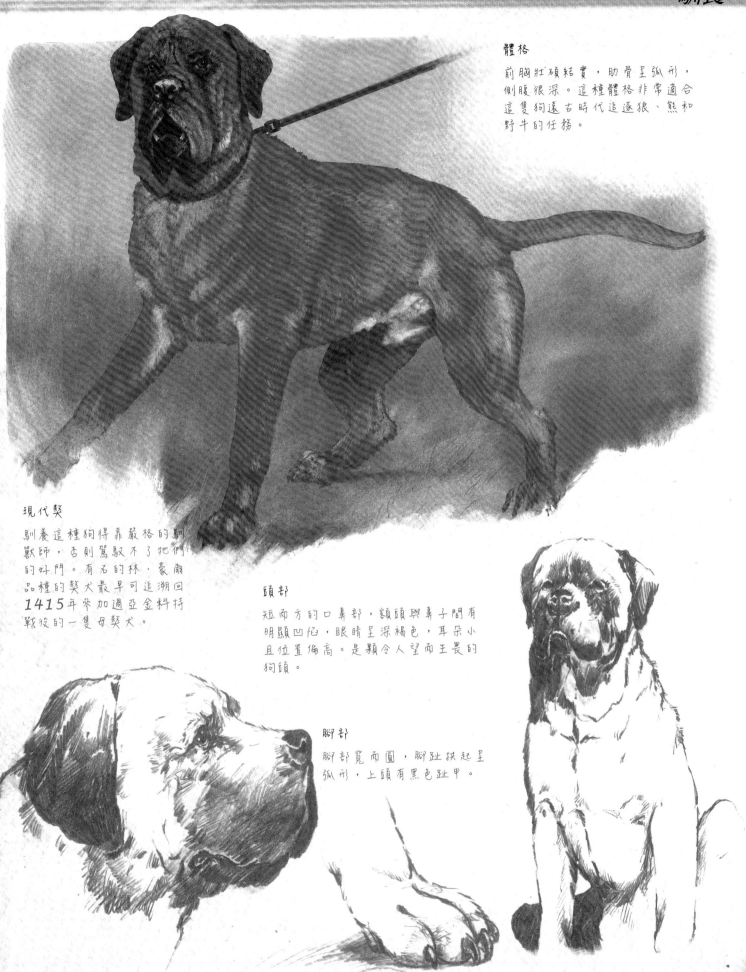

體格

前胸壯碩結實，肋骨呈弧形，
側腹很深。這種體格非常適合
這隻狗遠古時代追逐狼、熊和
野牛的任務。

現代獒

馴養這種狗得靠嚴格的馴
獸師，否則駕馭不了牠們
的好鬥。有名的林·豪爾
品種的獒犬最早可追溯回
1415年參加過亞金科特
戰役的一隻母獒犬。

頭部

短而方的口鼻部，額頭與鼻子間有
明顯凹陷，眼睛呈深褐色，耳朵小
且位置偏高。是顆令人望而生畏的
狗頭。

腳部

腳部寬而圓，腳趾拱起呈
弧形，上頭有黑色趾甲。

9

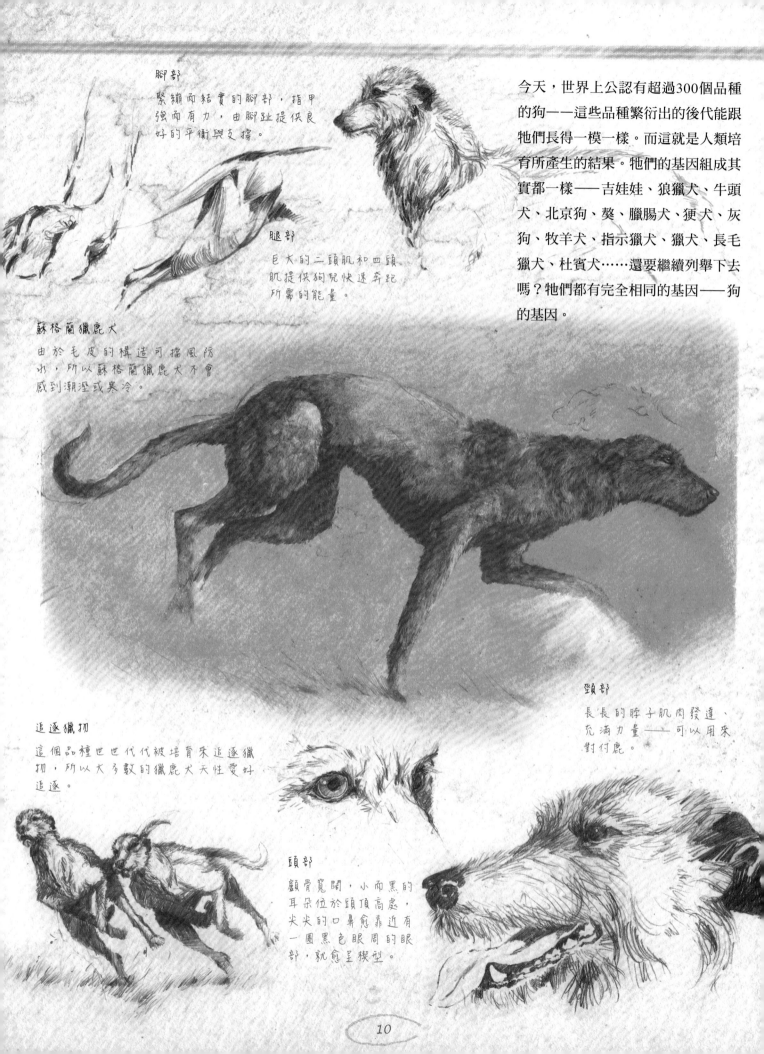

腳部

緊繃而結實的腳部，指甲強而有力，由腳趾提供良好的平衡與支撐。

腿部

巨大的二頭肌和四頭肌提供狗兒快速奔跑所需的能量。

今天，世界上公認有超過300個品種的狗——這些品種繁衍出的後代能跟牠們長得一模一樣。而這就是人類培育所產生的結果。牠們的基因組成其實都一樣——吉娃娃、狼獵犬、牛頭犬、北京狗、獒、臘腸犬、㹴犬、灰狗、牧羊犬、指示獵犬、獵犬、長毛獵犬、杜賓犬……還要繼續列舉下去嗎？牠們都有完全相同的基因——狗的基因。

蘇格蘭獵鹿犬

由於毛皮的構造可擋風防水，所以蘇格蘭獵鹿犬不會感到潮溼或寒冷。

頸部

長長的脖子肌肉發達、充滿力量——可以用來對付鹿。

追逐獵物

這個品種世世代代被培育來追逐獵物，所以大多數的獵鹿犬天性愛好追逐。

頭部

顱骨寬闊，小而黑的耳朵位於頭頂高處，尖尖的口鼻愈靠近有一圈黑色眼周的眼部，就愈呈楔型。

為什麼家貓體型比牠們野生的遠祖小這麼多？

家貓對古埃及人來說相當神聖。有錢人的屍體經過防腐處理後，他們的貓會一起陪葬。我想：貓真是倒了大楣……

埃及貓
埃及貓的血統最早能追溯回古埃及人馴養的貓。牠是家貓中唯一長有天然斑點的品種。

大家都知道，是狗兒選擇跟我們一起生活的。人類善於狩獵卻又無法把獵來的動物利用完全，剩下的食物正好成了現代狗兒祖先的免費午餐，我們的先民也注意到狗兒過人的視力、嗅覺及速度在狩獵中能幫上的大忙，而後，人類開始建起房舍與商鋪，過著相對安穩的日子。然而大、小型鼠和其他齧齒類也隨之而來。這次，是我們選擇貓來為人類除害。

所有被馴養的動物都經過了選育，所以已經能適應我們的生活方式。無論是抓老鼠或者跟人類作伴，現代的家貓體型小得恰到好處，坐在人的腿上不會有問題，而且，也不像牠們更大塊頭的野生近親那樣，每天得要吃上一整隻羊。如果要抓食物儲藏室裡的老鼠，用不著養一隻東北虎；寒冷的夜裡想要有寵物在火爐邊作伴，更不需要養一隻母獅子。

按比例繪製的母獅
與虎斑貓（家貓）

我們來大致了解一下什麼是選育。這個領域的先驅科學家：查爾斯·達爾文在研究野生動物時，逐漸看出一個規律。他觀察到每個島上的巨型陸龜都不太一樣。某個品種需要往高處伸長脖子才吃得到葉菜；另一種則是在地面上找草吃。吃葉菜的烏龜脖子長得很長，龜殼的位置已經褪到肩膀後面很多，而吃草的脖子短，靠近頸部的龜殼向上翻起。

回來談貓。人類一開始是找來像長尾虎貓這種小型易養的貓，然後挑選後代當中體型最小的貓再進行交配。在人類飼養的環境中繁衍下來，一代又一代的家貓開始適應並接受被馴養的生活方式，這樣一來牠們也能從中得到食物和舒適的環境。雖然基本的智力和脾氣不變，外部特徵卻能夠被塑造。看看我們今天的家貓。好幾百種不同的顏色、身材、毛皮、臉型、長尾巴、短尾巴、細尾巴、粗尾巴，或者乾脆沒有尾巴！有些像墨西哥無毛貓這種品種就一點毛髮都沒有，但毫無疑問，牠們都是貓，絕對不會哪天轉頭過來咬掉你一隻手臂！畢竟，這關係到牠們在家中的地位，甚至說攸關牠們的生存都可以。跟狗一樣，牠們也和人類交易。見過一隻吃飽喝足還躺在靠枕上發出呼嚕聲的貓咪後，你就知道在這場交易中，到底是誰占了便宜。

「貓是可以直視女王的。」
——諺語

美洲豹貓
Felis pardalis

魔鬼偽裝成一隻老鼠，企圖把諾
亞方舟的一側咬穿以攪亂上帝的
安排。諾亞把他的一隻毛手套扔
出去要把老鼠嚇跑，上帝在半空
中把手套變成了一隻貓。第一隻
貓就是這麼來的，牠很快就吃掉
老鼠並拯救了諾亞方舟。直到今
天，都還能看到所有的貓眼裡閃
現魔鬼怒視的目光。

——羅馬尼亞傳說

引來殺身之禍的外表

樹上的美洲豹貓因為有了身上的斑點，非常適合在陽光錯落灑入的森
林裡捕獵。可悲的是，那美麗的毛皮也使牠成為供應皮貨貿易的獵人
的首要目標。

一隻在花園中捕獵的家貓，本性跟
牠的老祖宗一模一樣。

親近人類

但是占了點便宜就跑走

阿岡昆印第安人稱牠作「阿拉昆」，也就是「用手抓」的意思。我們則叫牠「浣熊」(a)，拉丁學名叫*Procyon lotor*，也就是浣洗的狗。牠屬於浣熊科，從演化的角度來看，是熊和狗的親戚。浣熊非常聰明也極易適應環境，親近人類可以獲得多大的好處，牠做了最好的示範。只有蓋得最嚴密的垃圾桶才能從牠靈巧的手指底下逃過一劫。牠能趁你熟睡時潛入你家廚房把冰箱洗劫一空。牠是個名副其實的神偷萊佛士，能撬開窗戶的鎖鉤；能在牆邊挖地洞直搗地窖；也能掀開屋頂的瓦片闖進閣樓。如果你家車庫裡有冷凍冰箱，一定要配上掛鎖。就算配了，也不能太掉以輕心……

很不幸，浣熊的天性就是有顆永不滿足的好奇心，加上牠對小零嘴和小點心動著無止盡的歪腦筋，也就難免跟人類結下樑子了。我們的浣熊朋友一旦決定牠想要什麼，就絕對志在必得。牠會把汽車座椅裡的填充物硬扯出來，另外再順便拉出儀錶板後的電線。通風口和空心磚會因為牠進出出而變得面目全非。任何存放好的蔬菜水果都會遭到毫不留情地「搬遷」。浣熊會把罐頭從櫃子推到地上摔碎，裡面的美食當場就會被吃光。浣熊眼睛上黑黑的眼罩就跟卡通裡的小偷一樣。知道是為什麼了吧！

a 浣熊
Procyon lotor,

南美長鼻浣熊
(Nasua nasua)
浣熊的近親

浣熊的前腳和後腳上都有五根腳趾，所以足跡看起來很像小小的人類手、腳印。

每隻浣熊的黑眼罩都不一樣。

城市裡的狐狸以垃圾場、花園、公園和操場代替了牠們在郊外的生活環境，生活在人類身邊的狐狸大大利用了人類浪費的習性。餐館後面的垃圾桶就是狐狸的五星級盛宴。唯一需要做的，就是適應跟人類近距離的生活，直覺告訴狐狸人類是多麼危險的生物，應該跑得愈遠愈好。野生動物一發現自己和人類正近距離面對面時，最直接的第一反應永遠是——跑！在克服了這個（完全可以理解的）反應之後，動物準備要大豐收了。狐狸不光是找到遮風避雨的溫暖地方，還有充足的食物，要多少有多少，而垃圾袋隨處可見，天黑之後去撕開一個大的黑垃圾袋——食物立刻就有了！

狐狸留下的足跡比較直，但是腳印的壓痕仍然和狗的非常像。

公狐狸和母狐狸之間用不同的尾巴掃動的方式來傳遞信號。一隻公狐狸會和四到五隻母狐狸交配。

狐狸

狐狸靈活多樣的生存方式代表了牠們適應城市生活的能力。一天 500 公克的食物就能餵飽狐狸，垃圾桶對牠們來說就像我們常去的外賣餐廳一樣。

有天傍晚，
我看到一隻刺蝟把我們家裡養的母雞的蛋敲破來吃。
我還以為刺蝟是吃蠕蟲和蛞蝓的。牠為什麼會吃我們的雞蛋啊？

大名鼎鼎的刺蝟吃的東西種類多又雜。很多昆蟲都是牠的食物，有件事情說起來很令人吃驚：牠吃的昆蟲多數都有毒。刺蝟之所以能獨享這些食物來源，是因為只有牠擁有對毒素獨一無二的免疫力。蜈蚣、金龜子、盾背椿、蜜蜂、虎頭蜂、大黃蜂……你能想得到的毒蟲，刺蝟都吃。芫青甲蟲體內充滿了一種叫斑蝥素的致命劇毒，3毫克就能讓一個成年男子斃命。如果想送一隻刺蝟上西天，那麼要有至少30倍的劑量才行。刺蝟也對其他一大堆危險物質有免疫力──氰化物、砷、氯仿、甲酸──還有更神的：刺蝟對破傷風的抵抗力是人類的7000倍。牠對螫傷根本無動於衷。一個研究刺蝟的學生就發現過一隻刺蝟因為洗劫了蜂窩，身上被螫了58個傷口。對了，牠還是爬樹的好手，從7.5公尺高的地方掉下來，落在根部為球狀的刺上，刺蝟能夠毫髮無傷。所以，會找雞蛋來吃真的一點都不奇怪。幸虧牠不會開你們家的冰箱！

蚯蚓是刺蝟最愛的食物──肉多，數量也多。這張圖裡，我們花園裡的朋友正在用靈巧的雙手把蚯蚓腸子裡的土和沙擠出來──就跟擠牙膏一樣。

「扎手的刺蝟，別出來。」
──威廉·莎士比亞 《仲夏夜之夢》

刺蝟
Erinaceus europaeus

腳趾和手指

腳趾和手指又長又靈活。較厚實的後腳掌負責保持身體平衡，前爪才可以同時使用——用起來得心應手！

左前掌　　左後掌

顱骨

刺猬寬寬的顱骨十分堅固，相較之下裡面的腦顯得很小。不少刺猬的牙齒都用到磨損了，這是因為牠們愛吃的蚯蚓肚子裡有很多的沙子。

分布狀況

海邊到山上，森林到後院，到處都有刺猬的身影，分布得非常廣。原因在於牠們的飲食：刺猬幾乎找到什麼吃什麼。

俄羅斯　西伯利亞　蒙古　中國　馬來西亞　印尼　撒哈拉沙漠　安哥拉

刺猬的分布區域
● 數量很多
● 一些，不算太多

遠東地區的中南刺猬、馬來西亞、婆羅洲、菲律賓和緬甸住著刺猬科動物的一個亞科（刺猬的近親）：馬來月鼠。

鳥蛋——
裡頭的學問可大了

鳥蛋

刺猬會把鳥蛋當成彈珠來推，推到蛋殼碎掉。然後牠就會用像貓一樣的舌頭把裡面舔乾淨。

象鳥蛋
35公分

小吸蜜蜂鳥蛋
9公厘

絕種的象鳥曾經在馬達加斯加生活，牠的一顆鳥蛋可以容納3萬5000顆小吸蜜蜂鳥的鳥蛋。

鳥蛋最重要的功能是為發育中的胚胎提供營養：蛋白質占12%；水占60%；脂質和糖類（跟引擎中的機油一樣重要）占10%；礦物質占10%。簡直可以說是自然界的速食快餐包了！

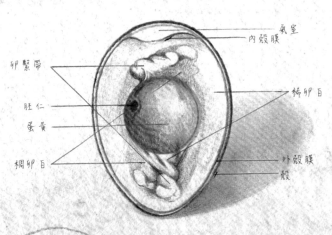

氣室
內殼膜
卵繫帶
胚仁
蛋黃
稀卵白
稠卵白
外殼膜
殼

歐洲刺蝟大戰極北蝰

最吸引刺蝟的美食其實是極北蝰。刺蝟曉得蛇在牠接近時會把自己的身體盤繞成「攻擊」姿勢，所以牠會豎起身上的刺再繞著蛇身邊轉，步步逼近。接著刺蝟會用一隻前爪把蛇按在地上並咬穿牠的身體（蛇的脊椎一旦被咬斷就動彈不得），刺蝟會咬個四、五次，此時的蛇身上布滿了致命傷，刺蝟的最後一擊就是──把自己捲曲成球狀，像蒸汽壓路機一樣從蛇身上輾過去。毒蛇最後會死於八到九次嚴重的咬傷（刺蝟的嘴巴非常有力），外加數以百計（甚至千計）的刺傷。和刺蝟的搏鬥中，蛇無論怎麼咬或者還擊都毫無作用。蛇的毒牙比刺蝟的刺還短，根本咬不進皮膚，就算把刺蝟咬傷了也沒用──刺蝟對蛇毒有免疫力！

狐狸說：「我知道有 8000 個理由應該要放走一隻刺蝟。」（一隻成年刺蝟的背上有將近 8000 根刺）

多芭是一隻被科學家捕獲的俄羅斯刺蝟，牠被帶到離開生活領域 96.5 公里外的地方。牠身上被綁上小型發送器，經過兩個月的跋涉之後，發送器的記錄顯示多芭終於返回家園。

刺

刺蝟的背上都是非常強有力的肌肉，它像無沿羊毛帽一樣包覆在背上，刺蝟所有的刺都嵌在這肌肉裡。這些刺很硬，無法被彎曲或折斷，只能靠輪匝肌的伸縮來控制它們。

輪匝肌

a 像羊毛帽一樣的輪匝肌，圖裡是呈鬆弛狀態，讓刺能平貼在背上。

b 潛在的威脅出現──肌肉厚實的邊緣往下拉到蓋住腹背部，刺都豎了起來。

c 真正的威脅出現──刺蝟的腳、尾巴和口鼻部都塞進輪匝肌下面，這時背刺已不能彎曲。

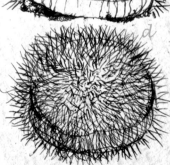

d 像粗繩一樣的肌肉包裹住全身──刺蝟已經刀槍不入了。

北美豪豬
Erethizon dorsatum
雖然刺蝟和豪豬都愛吃鳥蛋，但牠們並沒有親緣關係。

豪豬那像針一樣尖的刺朝後生長，尖端有小倒鉤，一旦刺進皮膚裡就很難拔出來。

灰斑鳩經常在老建築的屋簷下築巢。一旦有了遮風避雨的窩，灰斑鳩住在人類身邊似乎也挺開心的。

人類的出現通常意味其他物種的衰敗或消亡，所以灰斑鳩的案例令人難以置信。50年前，西歐根本沒有牠們的蹤跡，現在卻已經隨處可見，數也數不清。牠們在人類周圍生活得非常愉快、舒適，這個物種也就繁盛了起來。

反映灰斑鳩驚人的成功的示意簡圖。到了大約1965年，牠們的數量數都數不清了。

100
1000
80
60
40
20
00
1955 1960 1965 1970 1975

19

一個從法國回到英國的朋友告訴我，他很高興能在法國看到那麼多紅松鼠，灰松鼠卻很少見。

據說灰松鼠會趕走或殺死紅松鼠，再占領牠們的領地，這是真的嗎？

在高高的樹上，一隻灰松鼠縮在一大團葉子和草中，在睡眠中度過寒冬。松鼠不會真的冬眠，只是常常需要睡覺。每隔幾天牠們會醒來吃東西，所以趁食物還充足的時候，牠們會預先儲存很多吃的。

這個問題的答案到現在仍會引發激烈的辯論。那麼就我們所知道的部分，可以來看看究竟是怎麼一回事。

遍布全世界的松鼠科一共包含248個物種，只有歐洲紅松鼠(a)生活在歐洲大陸上。牠的分布範圍從西邊的英格蘭一路延伸到最東端的日本列島。現今牠們在英格蘭已經非常少見了，但是在歐洲大陸和亞洲，紅松鼠的數量依然很多。牠們的主要食物是松柏科植物的松果，而這正是導致紅松鼠生存危機的關鍵。在英格蘭，牠們偏愛的樹木已經大量被落葉闊葉喬木取代，如山毛櫸和橡樹。歐洲大陸上的空間較為開闊，也保留了很多古老的松柏科樹林。在英國，正當紅松鼠已經面臨食物來源不足的生存壓力時，另件事又補上更沉重的一擊——就是20世紀初美國灰松鼠(b)的登陸。

紅松鼠
*Sciurus
a vulgaris*

灰松鼠生存成功的原因——橡子

「見到松鼠時，我總是看到牠們辛勤地忙個不停。」
—— 碧雅翠絲·波特（《彼得兔》的作者）

灰松鼠
Sciurus carolinensis

　　橡樹林是灰松鼠的天然棲地，為灰松鼠提供了種類更多的食物，包括山核桃、胡桃、栗子以及其他野果和漿果。灰松鼠會在覆蓋在地面上的落葉中翻找蠕蟲和甲蟲，也會在高高的樹上找雛鳥和鳥蛋來吃。牠愛吃菇類和菌類（誰不愛吃呢），偶爾也會把玩花朵、花苞、嫩芽和莢蒾花絮。灰松鼠有很多儲藏堅果的地點，牠會用爪子掂一掂堅果的重量，只留下最重、含油量最高的果仁準備用來過

冬。而灰松鼠的王牌，就是演化出能對抗有毒物質（主要是橡子中的單寧）的消化系統。在松柏科植物果實年產量不足時，紅松鼠的數量自然會減少，現在還被迫把本來就緊缺的食物來源跟牠們更強壯好鬥的近親分享。最棘手的是，灰松鼠的繁殖能力比紅松鼠強得多。灰松鼠一年能產下兩胎，每胎一定會有七到八隻寶寶，而紅松鼠一年通常只生一胎，一胎只有三隻小松鼠。

　　所以，紅松鼠是被灰松鼠趕走或殘殺的嗎？這麼看來，也不盡然。在某些灰松鼠的領地上也有紅松鼠居住，兩個品種能和平共處。不過，由於灰松鼠占去了紅松鼠已經非常有限的食物資源，的確也給紅松鼠帶來非常大的生存壓力。如果灰松鼠只挑橡子之類的食物來吃，而把松果都讓給紅松鼠，情況應該就會好得多。

松鼠是老鼠嗎？牠們為什麼住在樹上？

松鼠真的會飛嗎？

松鼠和老鼠一樣都屬於囓齒目，所以算是遠親。囓齒目是哺乳類當中最大的一目，下面有28個科——松鼠屬於松鼠科，底下包含大約250個物種，彼此間大同小異：全是短毛、圓臉、機警的小動物，長著大大的眼睛，很討人喜歡，一條長尾巴也都毛茸茸的，可以用來傳遞複雜的信號。牠們的叫聲還分成很多種——吱吱叫、喀喀響、尖聲叫，以及大聲吠叫。除了澳洲、紐西蘭和中東地區，松鼠的身影幾乎遍及全世界。既然討論完灰松鼠，現在我們來看看另外三種松鼠以及牠們的生活型態吧！

草原土撥鼠(a) 由於警戒聲很像更犬的吠聲，所以也稱為草原犬鼠，

牠們在巨大的地洞中過著群居生活。地松鼠(b)，顧名思義是生活在地上的動物，但不會有組織的群居。鼯鼠也叫飛鼠(c)，住在森林裡，比其他兩種松鼠更喜歡夜間活動。牠幾乎完全生活在樹的頂端。

我們現在已經回答了兩個問題：松鼠不是老鼠，而只有一些松鼠是住在樹上的。至於牠們會不會飛？答案是不會，雖然有些松鼠的確已經演化出厲害的滑翔技術。

草原土撥鼠
Cynomys ludovicianus
這些喜歡打地洞的小型囓齒類生活在北美洲的草地和草原上。

松鼠的天然棲息地是森林，在樹梢間飛躍時會展現出非凡的敏捷度與速度。在亨利八世的時代，英格蘭的林木比現在多得多了，據稱，一隻松鼠能從西海岸的薩莫塞特郡一路到東海岸的諾福克郡，途中雙腳可以完全不著地。

十三條紋地松鼠
Spermophilus tridecemlineatus

除了吃草、種子和昆蟲，十三條紋地松鼠還會獵食小鳥和小型哺乳類。

寒林帶

d

寒林帶

在地球的苔原帶以南，繞了一圈叫做寒林帶的帶狀區域（d），那裡就是北方鼯鼠的棲地。這種小型哺乳類適應了嚴峻的環境，發展出手腕和腳踝相連的一層毛茸茸的皮膚膜。從樹上爬下來，又換棵樹往上爬實在太累，所以北方鼯鼠學會了瞄準目的地，然後再縱身一跳──牠張開雙手雙腳，展開飛行用的膜片平緩地向下滑翔。快到目的地時牠就豎起尾巴「突然熄火」，鼯鼠這時抬起頭，直立身體，然後四隻腳猛力往前推，最後降落。

這種滑翔讓逃跑變得非常方便。和多數飛鼠一樣，牠主要在夜間活動，所以貓頭鷹自然成了頭號大敵。捕食者接近時，鼯鼠輕鬆地滑翔而去。貓頭鷹不能在半空中捕獵，羽毛也經不住樹枝的刮傷。

寒林帶橫跨了歐亞大陸和北美洲。冬天的平均溫度在零度以下，夏天則溫暖潮濕。

北方鼯鼠
Glaucomys sabrinus

身為一隻小型齧齒類，牠的身體算是非常的長。牠的肩膀寬，臀部窄──答對了，這就是流線型。難怪北方鼯鼠在空中的表現這麼出色，牠已經盡了最大努力把自己變成一隻小鳥了。

c

群居生活

人人為我，我為人人

裸隱鼠 *Heterocephalus glaber*

正如我們對地下生物的想像：裸隱鼠的眼睛很小，而且已經萎縮。這雙眼睛長在一個大得跟它們不成比例的頭上。

如果運氣夠好的話，在非洲撒哈拉沙漠以南的地區，你會看到濱鼠科裡的所有物種，一共九種。牠們的身體特徵跟歐洲鼴鼠以及歐洲鼴鼠的美國近親：海岸鼴十分相似，但濱鼠科動物跟牠們並無親緣關係。在濱鼠科當中，體格最大的南非濱鼠可以長達40公分，最小的裸隱鼠則只有12公分，牠的長相稱不上好看，顧名思義，裸隱鼠的身上幾乎全是光禿禿的，只有東一撮西一撮又長又粗糙的毛。皺巴巴的粉紅外皮上還長了幾個疣，讓牠顯得更難看了。雖然不好看，裸隱鼠卻是最有意思的哺乳動物之一。

離地面不遠的土壤中，裸隱鼠所居住的洞穴是互相連通的，一個裸隱鼠族群的數量大約在80-150隻之間，由一隻裸隱鼠女王統治。她有五到六隻公的或母的侍從，牠們唯一的任務就是服侍她。剩下的裸隱鼠負責開鑿隧道、建造居室以及挖掘貯藏室，牠們還要採集並儲藏植物的根、莖與塊莖來養活整個族群。還有更神奇的——鼠群中只有女王能夠繁衍後代，一胎能生15隻或更多的寶寶，而且牠似乎還能夠阻止族群中其他雌鼠繁殖幼獸。

草原土撥鼠在清晨時從洞穴裡鑽出來，先觀察身邊的環境，四周沒什麼異狀牠就會四隻腳著地，一路小跑步尋找草、根和葉子當作早飯。幾乎每隔一分鐘，牠就會又坐直在腰腿上開始觀察周圍，四周永遠有狐狸、郊狼和鷹在活動，對這些動物來說，土撥鼠才是早飯呢！

一隻草原土撥鼠直挺挺地站著（這是所有地松鼠的典型特徵），觀察周圍是否有捕食者——崔鷹、郊狼、臭鼬和蛇。一旦發現危險，牠會發出尖銳的吠叫。這種叫聲以及牠與狗犬相似的外表，就是草原犬鼠這個名字的由來。不過牠可是貨真價實的松鼠喔！

一隻王鵟正在外面到處找獵物。草原土撥鼠突然警覺了起來，開始發出警報的吠叫——所有900隻同伴也加入吠叫的行列。牠們趕回地下洞穴中，然後從地面上消失。遵循自然界長久以來的定律，腳步慢的老弱殘兵都會被雀鷹、郊狼和狐狸給抓走。在地下，幾千隻草原土撥鼠居住的洞穴四通八達、錯綜複雜，裡頭有分娩室、公共集會堂、廂房和食物儲藏室，草原土撥鼠的社交活動都在這裡進行。牠們會互聞彼此、摩擦鼻子，還會親嘴，尤其會發出唧唧聲相互交談。那樣的地底環境聽起來應該跟一個沒有老師管、滿是八歲小孩的學校一樣吵鬧吧！

這些地下洞穴的設計錯綜複雜到可以被稱為「市鎮」，在市鎮內還有更小、互動更緊密的單位，叫作「區」，以數個家庭為一個單位。用來連通洞穴與洞穴的走道隨著後代的增加、族群的成長，也永遠在擴建當中。

4月時，雌草原土撥鼠在洞穴的廂房裡生下了十隻小寶寶。在兩個月的餵養之後，牠會帶著孩子搬到市鎮的外緣，接著挖掘更多地洞。因為響尾蛇會在冬眠時鑽進牠們的洞穴並占領那裡（還會吃掉真正的洞穴主人），所以土撥鼠需要不停挖地洞以求生存。

土撥鼠的地下網絡最多可以包含40個相連的隧道，深度可達5公尺，總面積則可達1平方公里。

1 哨兵正在躲避敵人

2 食物儲藏室

3 哨兵的「避難室」

4 「高速公路」——設有很多匝道的長隧道，能快速直達城市的各個區域

5 起居室/臥室/育嬰室

6 帶回食物來餵養寶寶的雄性草原土撥鼠

7 逃生通道——通往地面的快速通道

8 臭鼬正在把草原土撥鼠拖出逃生通道

9 因為發怒而豎起毛髮的守衛擋在隧道中，要防止響尾蛇進入城市中心——利他主義

10 菱背響尾蛇

11 修建中的新隧道，從中心向外擴建，為的是要容納新的土撥鼠家族

瞭望臺——建在城中心上方的最高處。

王鵟
Buteo regalis

城市會建在一塊凸出地表的岩石四周的平坦處，岩石就是城市的至高點

郊狼

便於出入的角塔

哨兵發出警報的「吠叫」

老年公狒狒、帶著寶寶
的母狒狒

年輕的公狒狒

領袖狒狒

分布

棕狒狒可以適應
從沙漠到熱帶雨林的棲地環
境。因此，赤道非洲上的25個國家都能
找到棕狒狒。

狒狒喜歡生活在莽原地帶，或者乾燥、岩石遍布的棲地上。牠們雖然沒有卷纏尾，不過仍然會爬到樹上睡覺或者獵食。牠們生存的必要條件是水，雖然光靠舔食毛皮上的露水可以賴以為生很長一段時間，狒狒第二個生存必要條件則是安全的棲地，通常是樹上，或懸崖、高聳的石頭上。

一覺醒來之後，一群數量可達150隻左右的狒狒就開始朝攝食地出發。狒狒前進的隊伍跟軍事演習一樣有紀律。年齡稍長的少年狒狒帶頭，密切察看前方和左右的動靜。年輕的母狒狒和年紀較小的少年狒狒跟在後面。在這之後是老年的公狒狒（包括領袖狒狒在內）、老年母狒狒（阿姨們）以及帶著寶寶的母狒狒。年輕的公狒狒主要負責殿後，還會不時突擊跑到最前方——一來為了整隊，二來是為了守衛兩側，另外也為了確保隊伍後方的安全。

地中海

撒哈拉沙漠

阿拉伯半島

北回歸線

半沙漠

莽原

草地
熱帶雨林

亞丁灣

非洲之角

0°赤道

幾內亞灣

0°

大西洋

剛果

維多利亞湖

印度洋

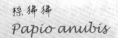

棕狒狒
Papio anubis

棕狒狒是雜食動物，能
改變自己的食性，在（
無論地面上或地面下
的）任何環境中覓食。

年齡梢長的
少年狒狒

母狒狒、年紀較小的少
年狒狒

年輕的公狒狒會像哨兵一樣守在攝
食地的樹上或者白蟻丘上，輪流進
食和保護隊伍。

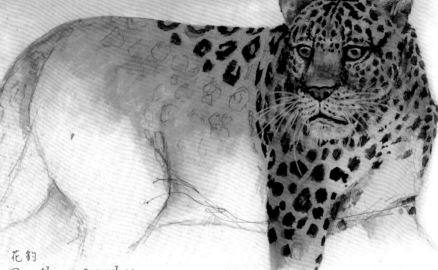

花豹
Panthera pardus

棕狒狒最害怕的草原捕食者就是花豹。狒狒會在成群
的羚羊中覓食，為的是要利用羚羊敏銳的視力與聽
力——這可說是一套針對花豹而設計的預警系統。

螞蟻
Formicidae

蜜蟻
(Myrmecocystus)

世界上有超過1萬2000種螞蟻，牠們幾乎在地球上任何陸塊都能旺盛地生長。牠們的族群有高度的組織性——成千上萬的螞蟻步調一致地分工——所以牠們的族群被稱為「超生物體」。通常一個蟻群包括了蟻后、大批沒有生殖能力的雌性工蟻，以及雄蟻。每年，長有翅膀的雄蟻在夏季為了交配而成群飛向天空。身材較小的雄蟻與體型較大的蟻后交配後死去，也就完成這一生中唯一的任務了。蟻后會尋找一個新的築巢地，再利用牠儲存的脂肪和多餘的飛行肌所提供的能量產卵、餵養幼蟲以培養出第一代工蟻。接下來，工蟻會承擔起覓食、餵養蟻后、撫育幼蟲和維護巢穴的任務。當族群達到一定數量時，蟻后才會產下能孵化成帶翅的蟻后和雄蟻的蟻卵。一旦天氣條件允許，牠們就會飛離巢穴交配，建立新的蟻群。

澳洲的蜜蟻擁有一個特殊的階層——貯蜜蟻。工蟻從吸食花蜜的昆蟲身上採集花蜜並強迫餵食貯蜜蟻，直到貯蜜蟻的身體漲到一顆大豌豆的大小為止。然後，其蟻會把牠們的前腿懸在巢室的屋頂上，讓工蟻在一天工作歸來後，能從貯蜜蟻身上敲下一滴花蜜來食用。非常美味——也十分營養。

切葉蟻蟻群的四個階層和牠們行進的隊伍

兵蟻（高階兵蟻）

低階兵蟻

工蟻

最小工蟻（牠們留在巢穴中撫育幼蟲）

低階兵蟻負責在覓食時帶頭並標記路線。牠們還要負責把體積大的獵物和疲憊的工蟻抬回巢穴中。

綠啄木鳥
Picus viridis

綠啄木鳥是少數把螞蟻當作主食之外的營養補充的鳥類之一。綠啄木鳥會降落在蟻丘上，並四處跺腳，讓兵蟻衝出巢穴保護工蟻順利運送蟻卵和幼蟲到安全地帶。這時候，啄木鳥會趁機把這些螞蟻一掃而空。

阿爾康藍蝶
Maculinea alcon

阿爾康藍蝶是一種跟螞蟻關係緊密的生物。

阿爾康藍蝶的幼蟲會分泌出一種味道，讓螞蟻誤以為這隻毛毛蟲是牠們的幼蟲。這隻寄生蟲會被拖進蟻巢，被工蟻餵養到完全長大，然後牠會爬到巢穴的入口吐絲結繭。

「於是勤勞的螞蟻笑道：『現在冰雪和寒冷已經到來，你得用你的歌聲填滿那空蕩蕩的糧食貯藏室了。』」
—— 《伊索寓言》

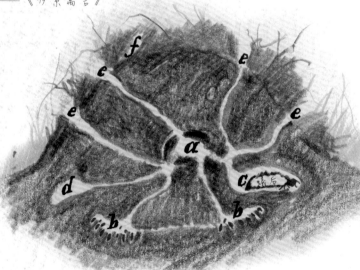

蟻丘
a 中央巢室（當作集合和交換資訊的空間）
b 育嬰室（蟻卵和幼蟲）
c 蟻后的巢室
d 食物貯藏室
e 入口與出口
f 堆肥（調控冷熱）

特化
無人能及

我有個朋友在美國的德州工作過幾個月。每天傍晚，他都會看見幾百萬隻蝙蝠從棲地群體起飛，像烏雲一樣籠罩著天空。他就想：為了維繫生存，有的物種會歷經好幾種特化的過程，蝙蝠就是典型的例子。

德州那種蝙蝠是一種游離尾蝙蝠，是遍布全世界的80種游離尾蝙蝠科當中的一員，翅膀比較窄，比起其他種類的蝙蝠牠們振翅頻率也高得多。這使游離尾蝙蝠有了三項優勢。牠的身形與飛行方式讓牠能飛到很高的空中。黃昏時，這種蝙蝠能飛到高達3500公尺的空中。其他蝙蝠無法像牠一樣，所以在這樣的高空中，牠的獵物就十分充足。臉上特殊的頰囊讓這種蝙蝠能把總重有身體的一半那麼重的食物儲存在裡面，等回到自己的洞穴再慢慢享用，在這裡，牠的飛行技術又派上用場了。如果蝙蝠吃了當地所有的昆蟲，牠們就必須擴大攝食地而飛到離棲地60公里遠的地方覓食。隨著季節更替，蝙蝠知道冬季來臨後，昆蟲會少得多。牠們就成群離開在德州的棲地，長途飛行1800公里到新墨西哥州過牠們第二個夏天，以及享受牠們不間斷的夜間大餐。當德州的冬季結束，牠們又會回去。所以，墨西哥游離尾蝙蝠成功的關鍵在於：擁有特化出的身形與飛行技巧、獨有的攝食地，以及遷徙的天性

墨西哥游離尾蝙
Tadarida brasiliensis

游離尾蝙名字的由來是因為牠們飛行膜的後緣處都長出一條跟老鼠一樣光禿禿的尾巴。

與能力。牠們的外表並不好看，可是仍然是令人讚嘆的生物。

據說現存的哺乳動物中，有四分之一都是蝙蝠！然而，對我們來說蝙蝠仍然非常神秘，我們對牠的了解也不多。牠們倒立睡覺，懸在細小的帶爪腳趾上，多數在夜間活動。蝙蝠為了飛翔，身體必須朝某些特定的趨勢進化。牠們身體的大部分肌肉都集中在能拍動翅膀的胸肌上，翅膀的骨頭並不是實心而是蜂窩狀的，而體內的器官分布方式特殊，為的是要利用分配在身體各部位的重量，來增加飛行時的穩定度。蝙蝠身形發展成流線型，但還保有儘管纖細卻是實心的骨頭，所以需要在其他地方減輕重量：蝙蝠沒有臀部、大腿和小腿的肌肉。

這就是為什麼蝙蝠不能像鳥兒一樣站立在樹枝上，而必須倒吊著睡覺了。

所有的蝙蝠

所有的蝙蝠都是專食動物。多數蝙蝠喜歡在夜空中盤旋,利用回聲定位來捕食昆蟲。果蝠會用帶勾的後腳趾在樹枝之間移動,在進食的時候,拇指上的勾能抓住並且轉動水果。其他蝙蝠則進化出毛茸茸的長舌頭來舔食花粉與花蜜。還有一種蝙蝠進化出能在水面抓起小魚的後爪。而美洲假吸血蝠的身體大到能夠捕食小型囓齒類、鳥類甚至是別的蝙蝠。而所有蝙蝠中最奇特的一種,跟牠的超級專食習性有關,也因此成為了傳奇——就是吸血蝙蝠。

鮮血是吸血蝙蝠唯一的食物。你也許不會把利他主義(也就是為了他人的利益犧牲自己的利益)跟吸血蝙蝠聯想在一起。不過出乎意料的是,牠們是典型利他主義的生物。不是所有的吸血蝙蝠每晚都找得到吸血的對象。在夜裡吃飽喝足的蝙蝠會用氣味分辨出沒有找到獵物的同伴。

牠們嘔出食物,把自己的鮮血晚餐與饑餓的同伴分享。等到明天,也許換牠自己要同樣心懷感激地喝下飽餐一頓的同伴帶回來的血。吸血蝙蝠的記性也很好。如果一隻蝙蝠吸飽了血回家不願分享,就不會再有同伴願意把血分給牠,不久後牠就會餓死。為了全體的利益,分享食物的習性保存下來後,也就能確保整個群體的存續。

翅膀
蝙蝠是唯一能持續飛行的哺乳動物,這要歸功於牠們那對設計精良的翅膀。想像一下四隻長得跟前臂一樣長的手指,然後沿著身體連上一張膜,從你的腳踝,一直連到肩膀,蓋過手臂,最後固定在指尖上。至於拇指則跟其他手指分開長,上頭長了鉤狀的爪子。

吸血蝙蝠
Desmodus rotundus

吸血蝙蝠有雙比一般蝙蝠還要長的腿,上面保留了一些肌肉。牠會用四肢向獵物爬近,找到對方身上一塊無(羽)毛處,再用四顆鋒利的犬齒狠狠咬上一口。

大果蝠

一個從法國回來的朋友跟我提起，
他在當地見過一隻非常小的蜂鳥正在吸食花蜜。
法國有蜂鳥嗎？

後黃長喙天蛾
Macroglossum stellatarum

像某些鳥類一樣，後黃長喙天蛾也會遷徙，改變自己所處的環境是為了趕上一年的兩次花季。

蜂鳥生活在熱帶地區，那裡有成簇的大朵香花，它們充滿濃厚而香甜營養的花蜜。花朵讓小鳥吸食花蜜，而小鳥能幫它們傳播花粉——利人利己。

　　法國的氣候對蜂鳥來說實在太冷了。我的朋友看到的其實是一隻

後黃長喙天蛾的翼展為5公分，翅膀振動得非常快，能發出清楚的嗡嗡聲。

5公分　2公分

特別的蛾。在更為寒冷的氣候帶，後黃長喙天蛾取代了蜂鳥的生態位。牠在生存方式和食性上的特化程度相當的高，根本沒有能與牠爭奪食物的對手。

引人注目的舌頭
後黃長喙天蛾的舌頭有2.5公分長，因為又厚又略為彎曲的關係，看起來有些像鳥喙。

蜜蜂蜂鳥
Mellisuga helenae

驚人的古巴蜜蜂蜂鳥是世界上最小的鳥——左圖是牠的實際大小！這種小鳥只有 **1.8** 公克重。

實際大小

後黃長喙天蛾的身體毛茸茸的，寬闊而黝黑的腹部上帶有白色斑點，還長有鼠褐色的前翅和橘色後翅。

駝鳥可以長到 **2.1** 至 **2.4** 公尺那麼高，是世界上現存鳥類中最高的。你可以在一顆駝鳥蛋裡塞進 **4700** 顆蜂鳥的蛋。

生態位取食者

蜂鳥的嘴形已經進化到能配合牠們最鍾愛的食物來源。那些長喙的蜂鳥主要吸食花蜜位於較深處的花；而有些蜂鳥鳥喙的彎度能與某種花朵的弧度完全吻合。

只有牠一個物種能在那樣的環境中生存、覓食與繁殖——可以說完全「壟斷了市場」。

牠們進化成晝行性生物——與夜行生物相反——的蛾。所以牠不是鳥，卻也不是一般意義上的夜行性飛蛾。這種昆蟲找到漏洞來鑽，牠找到一個生態位並占為己有，為了適應牠也完全改造了自己的生活方式。而牠驚人的飛行技術則帶給世界一個小小的奇觀。

後黃長喙天蛾的生態位是栽滿了天竺葵、醉魚草、金銀花，以及它最喜愛的薰衣草的花圃和窗臺的花槽。

比大小
蜜蜂蜂鳥只比後黃長喙天蛾大那麼一點點。

a 刀嘴蜂鳥
(*Ensifera ensifera*)

b 白尖鐮嘴蜂鳥
(*Eutoxeres aquila*)

c 紅喉北蜂鳥
(*Archilochus colubris*)

d 白尾藍胸蜂鳥
(*Urochroa bougueri*)

我們在地上發現一隻不能飛的雨燕，
身上有些小蜘蛛。我們應該把蜘蛛趕走嗎？

答案跟雨燕所選擇特化的方向很有關係。牠選擇吃空中飛的昆蟲當作食物，為了在這樣的生態位中生存，雨燕也把飛行演化到了極致。雨燕這種小鳥如此令人驚歎，接著我們要來看看，牠為什麼絕對配得上「專家」這個頭銜。

雨燕是飛行能力最強的鳥類，牠的一生除了築巢的時候，都是在空中展翅飛翔。牠的腿短小到幾乎可以說是沒有腿，因為牠並不怎麼要用到腿。口渴時牠只需要掠過水面，用鳥喙舀起水喝。牠也是最會表演特技的鳥，是極少數能倒過來飛行的鳥類之一。小雨燕在離巢之後會不停地飛行整整兩年，雙腳一次都不會著地。牠們飛行的距離等於繞地球12周！

如果你看到一隻雨燕掉在地上，多半是因為牠撞到電線或者天線了。因為雨燕的腳無法像其他鳥類的腳一樣從地面躍起幫助翅膀起飛，所以雨燕一旦掉到地上就再也飛不起來。把雨燕捧在手心裡，輕輕把牠往空中一扔就可以了。

那麼，那些蜘蛛是怎麼回事呢？牠們其實不是蜘蛛，而是一種蠅。這是特化的另一個典型例子。

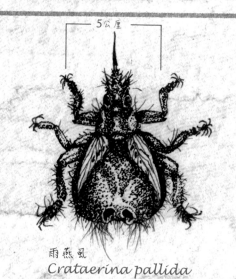

┌── 5公厘 ──┐

雨燕虱
Crataerina pallida

這種蠅被稱之為雨燕虱，是一種吸血的皮膚寄生蟲，特性就是只會生活在雨燕的身體上。牠一天24小時隨著雨燕在空中飛翔，不斷為雨燕清潔血液。每四到六天，雨燕虱就會攝取50至60毫升的血，這能刺激紅血球快速再生，促進血液循環。雨燕的飛行肌非常發達，可以讓牠在空中持續飛行超過7000小時。蝨子對雨燕的貢獻非常大。沒有了蝨子，鳥兒無法生存；沒有了鳥兒，蝨子也活不下去。

大飛羽

高速飛行時　　緊急剎車或表演特技飛行時

雨燕
Apus apus

「喉袋」——在捕食過程中，昆蟲被儲存在喉嚨內一個有彈性的袋子裡——最多能裝進400隻昆蟲。

身體全在翅膀下方——腦袋緊緊縮在肩膀之間

翼展39公分

肯狀隆起的硬羽毛在眼睛周圍擋開氣流

16公分

鉤狀的大鳥喙，用來捕捉昆蟲

四隻稍大向前的腳趾，用來倒掛而不是用來抓握

高空中有成千上萬的昆蟲盤旋。雨燕的喙很小，一張口範圍卻很大——完全張開時，嘴的範圍幾乎能蓋住整張臉。在空中俯衝的雨燕一次能捕捉到上千隻昆蟲。

我有一隻寵物沙鼠。
牠每天就縮在窩裡睡覺，水也喝很少。這樣正常嗎？

沙鼠是種很討人喜歡的小動物，如果吃飽喝足，又有個溫暖的窩，牠就心滿意足了。沙鼠是囓齒目動物，屬於沙鼠亞科，這個家族的60多個成員多數來自中亞，有些也來自非洲。沙鼠的身體特別適應非常乾燥（甚至是沙漠）的環境，而多數也生活在惡劣，甚至是不宜居住的環境之中。牠們為了生存演化出一些不尋常的招數。作為沙漠生物最必要的首先是節約用水。沙鼠演化出特殊的腎臟，能產生比其他囓齒動物

濃縮了更多倍的尿液，所以能大大減少身體的水分流失。這也表示沙鼠的尿非常、非常的臭。我們人類的肺也會流失水分（在鏡子上吐口氣，鏡面會蒙上一層水霧，那是從肺部排出後凝結在冰冷的玻璃上的水），所以沙鼠長出了一種特殊──而且是非常特殊──的鼻子。鼻骨的構造正好能凝結原本要呼出去的水蒸氣，使水分重新被身體吸收。沙鼠（或許很多人注意到了）長有毛茸茸的腳（在灼熱的沙石上有隔熱作用）、純白的肚皮（絕佳的熱反射）以及長長的後腿和腳（讓身體遠離

發燙的地面）。最後，為了躲避白天的酷熱，沙鼠只會在夜間活動，天色轉暗後才會醒來。

跟多數囓齒類一樣，沙鼠是個好奇心強也很聰明的小動物。牠會想辦法解開難題，還能學會小把戲──我養過一隻沙鼠，牠能在手上纏著4公尺長的線，因為牠知道線的另一端繫著一顆花生。沙鼠的例子證明了一件事：大自然能讓世界的每個角落──即使再差勁的角落──到處都充滿生命力。

毛足沙鼠
Gerbillurus paeba
四種侏儒沙鼠的其中一種

肥尾沙鼠
Pachyuromys duprasi

肥沙鼠
跟多數沙鼠不同，肥沙鼠（*Psammomys obesus*）不會為了預防萬一而事先貯藏糧食，牠的家在阿爾及利亞的沙漠，偷食物的小偷防不勝防。肥沙鼠把所有的餘糧都轉化成厚厚的一層脂肪儲存在身體裡，所以得到這個名字。

這個問題的答案可不單純。顯然跟吃東西有關係，那麼，我們來討論一下吸收營養的學問吧。

動物有三種選擇 —— 草食動物吃植物、植物的根以及漿果等；食肉動物吃肉類、魚類和腐肉等；跟我們人類一樣的雜食動物，則是有什麼吃什麼。牛選擇了第一種，而且牠只吃草。吃草最大的缺點是：草的營養含量很低，主要是水分而蛋白質很少，所以需要大量地吃才行。吃完了還必須盡量把最後一點營養都給榨出來。

那麼，大自然賦予了牛什麼樣的消化系統，讓牠單靠吃草就能生存了呢？把牛的胃打開看聽起來好像沒什麼意思，但別急，牛的胃以及營養學研究其實是非常吸引人的。

吃草和攝食 (a)

一撮青草被牛粗糙的舌頭捲起，然後被門牙整齊地咬斷。草沒有經過咀嚼就直接進入胃裡。牛每天都要吞進50公斤的草。

反芻 (b)

吞下去的青草不能被進一步吸收，它會一點一點回到牛的嘴巴裡接受咀嚼。返回嘴裡的食物就稱為反芻物。牛在做的就是青草湯。如果草比較堅韌，這道程序可能需要重複好幾遍。

牙齒

牛的嘴巴是一台機器 —— 每側有**12**個臼齒，要碾碎草團，得經過一側到另一側的輪流咀嚼。像砂紙一樣的舌頭捲進一撮草之後，門牙就整齊地把它連根切斷。

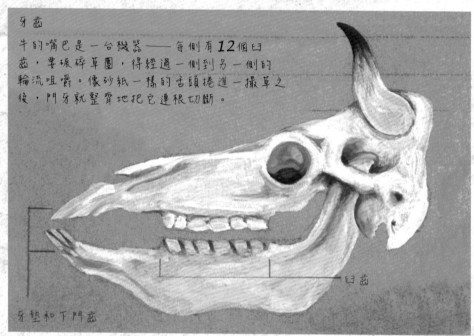

臼齒

牙墊和下門齒

消化 (c)

經過仔細地碾碎、濕潤、混合和咀嚼之後，青草湯已經可以進入牛那分成三個部位的胃裡，然後再進入負責充分吸收營養的小腸。別忘了，這個過程開始到結束是要耗上整整一星期的大工程。

無論多麼有效率的消化系統都會產生廢物。牛除了會排泄稀稀糊糊、半流質的牛糞，還會釋放一種氣體：甲烷。有人計算出：英格蘭所有的牛每天排出的甲烷所能產生的能量，足以給整個倫敦供暖和照明。

因此，一個有270公升容量的瘤胃每天需要填入50公斤的草料，而這些草必須被徹底嚼碎，養分才能在消化時完全被身體吸收。整項工程就算能每天進行20小時，也需要一星期的時間才能完成。嚼爛和吞下一個蘋果後，我們的消化系統只要兩個小時就能把它吸收。吃顆蘋果能花上多少時間？而吃50公斤的蘋果，又要多少時間呢？

消化系統
1 食道
2 瘤胃
3 蜂巢胃
4 重瓣胃
5 皺胃
6 腸

a 胃部肌肉

其他的反芻動物
獐跟牛同為反芻動物，牠們的進食與消化系統是完全一樣的。這個家族的其他成員有山羊、綿羊、鹿、羚羊、駱駝和長頸鹿。反芻耗時很長，而且最好要在安全寧靜的環境中躺著進行。野生的反芻動物在反芻時通常都會把自己隱藏得好好的——這就是為什麼我們很少看見牠們。

遷徙

在以前的西部電影中，經常會出現大批野牛的鏡頭。
今天的野牛都到哪裡去了？

美洲野牛
Bison bison

美洲野牛的足跡
美洲野牛圓圓的蹄印
有 **10-13**公分寬。

首先，雖然牠們經常被稱為水牛，但牠們其實是野牛。北美洲上廣闊的草原曾經能輕易讓6500萬隻這種高貴的動物生活在那裡。直到1800年，也就是19世紀初，仍然能看到萬牛奔騰的場面。

時間來到1870年，6500萬頭野牛只剩下800萬了。前往西部大拓荒的白種人帶去了三樣東西：馬、槍以及蒸汽火車。印第安人對馬簡直一見鍾情，馬的到來並沒有打破任何平衡。不過，別忘了還有來福槍。印第安人用野牛皮換取槍支彈藥。殺野牛能得到更多火藥，再殺更多野牛，就能得到更多的槍！

剝完皮後的野牛肉被賤價出售，供應了近乎免費的牛肉給鋪鐵路的工人，野牛於是遭到更大規模的屠殺。一大群緊貼著彼此的野牛占地可達15平方公里，要等牠們全部橫越鐵道需要很多天，會嚴重耽誤鐵路的鋪設的進度。這再度引起人類對野牛的殺機。到了1890年，只有500隻野牛從這場大屠殺中倖存，而到1900年，就只剩下黃石公園裡的20隻野牛了。一百年間6500萬頭野牛遭到殺害，也就是說，這段時間內的每個星期，都有超過1236頭野牛被屠宰。這就是人類，傲慢的人類……

美國現存的2萬5000頭野牛都安全地生活在公園和野生動物保護區中。為了尋找最好的牧場，牠們會內部遷徙，在公園或保護區的範圍內移動，而不會另闢其他攝食地。像非洲的斑馬和角馬羚一樣，野牛在冬天和夏天會選擇不同的牧草地吃草，在牧草地和牧草地之間移動通常需要經過長途跋涉。到了寒冷的冬天，黃石公園裡的野牛不會從園中遷離，而是搬到熱氣騰騰的溫泉周圍，黃石公園一月的平均氣溫是攝氏零下35度，而溫泉附近的氣溫這時候就宜人得多了，野牛也不需要從6公尺深的雪裡找青草來吃。儘管這些野牛的活動範圍比祖先更受限制，但牠們仍然學會了地盡其利。憑藉本身的適應能力，再加上人類的一點協助，野牛已經可以高唱〈我會活下去〉（I Will Survive）。

小美洲野牛
母野牛一胎生一隻小牛，牠身上有紅褐色的毛，出生後不久就能站立。

一隻正準備要遷徙的雀鳥 （a）。標成紅色的部分是身上儲備的脂肪，這時的雀鳥比平時重了一倍，體重為23.5公克。

同樣的一隻雀鳥抵達剛果河的北邊（b），已經恢復了平時僅11公克的體重，才剛持續飛行5600公里的牠脂肪儲備也只有出發時的14%。

為什麼多數的鴿子春天會飛走，
還冒險回到老遠的俄羅斯和斯堪地那維亞？

斑尾林鴿
Columba palumbus
斑尾林鴿有高超的方向感與
歸巢能力，而視力也僅次於
雀鷹。

這裡要來討論一下動物的遷徙。由於飛行得靠旺盛的新陳代謝來維持，所以鴿子需要有不間斷且豐富的食物來源。當一處的食物來源耗盡，牠們就要馬上飛去找其他的。在攝食與遷徙之間取得平衡並不容易，遷徙途中會損耗的能量也要考量，鴿子飛到新的攝食地覓食才能值回票價。這得靠良好的判斷力才行，所以鴿子先天有種傾向（或說是本能），要一直生活在條件對牠們最有利的環境中。

隨著大批斑尾林鴿在秋季抵達英國，食物的爭奪戰也就更激烈了。俄羅斯與斯堪地那維亞北部廣大而豐饒的土地上，春天一到，覓食的大好機會也隨之增加，於是候鳥就開始踏上返程。然而這時候，食物的競爭程度下降，新作物又開始發芽，有些小鳥決定在當地留守。經過世世代代後，留下來的小鳥後代演化出「哪裡也不去」的本能；而對遷徙者的後代來說，「春天就代表離去」。

斑尾林鴿只吃葉子、種子和漿果，所以牠喜歡
棲息在農田裡。

從9月底開始，在挪威和瑞典的北部以及莫斯科的北邊與西邊，數以百萬計的鴿子受到來自北極的寒冷刺激，成群結隊開始準備遷徙。斯堪地那維亞的鴿子會飛向英國，而俄羅斯的鳥群則會飛越庇里牛斯山，朝著葡萄牙的溫暖陽光飛去。

杜鵑蛋　　　　　　杜鵑蛋　　　　　　杜鵑蛋

鷚蛋　　　　　白鶺鴒蛋　　　　　　蘆葦鶯蛋

杜鵑在熱帶非洲過冬，夏季則
會遷徙到歐洲與亞洲。
這種鳥還擁有著名的
「巢寄生」手段，會把牠的
蛋下在其他鳥兒的窩中。雌
杜鵑會推出一隻宿主的蛋，
在原地產下自己的蛋之後就飛
走──整個過程只需十秒鐘。幼
鳥在12天後出生，會馬上把宿主的鳥
蛋和雛鳥推出鳥窩。

　　成年杜鵑不需要撫育幼兒，所以
多數會在7月返回非洲。幼兒則會在
一個月之後羽翼豐滿，然後也離巢，
一輩子沒見過親生父母一次。

鳥蛋模仿秀
雌杜鵑會用糞便或尿液在體內為牠的蛋上色，
以模仿宿主的鳥蛋。聰明吧？

大杜鵑
Cuculus canorus
大杜鵑長得很像翅膀很
纖細的雀鷹。

雌杜鵑一季下蛋數量可達30
顆──每顆蛋都下在不同的鳥巢。
杜鵑的雛鳥需要不斷的進食，如果
是寄養在園林鶯的巢中，只要兩個
星期，牠就能長得比園林鶯成鳥還
要大了。

冬眠

為什麼熊會冬眠，郊狼卻不會？

親愛的馬丁：

今年夏天我爸帶我去了一趟黃石公園，我在那裡看到了一隻黑熊，個子非常大。我爸說冬天的時候就看不到黑熊了，因為牠們要睡四個月的覺。這是真的嗎？他還說，就算在1月還是有很多郊狼，卻不可能看到熊。為什麼大塊頭的熊需要冬眠，而小小的郊狼卻還在四處活動呢？我知道冬天會很冷。

你忠實的
李·威利斯

諾維敦先生，
我認為……

熊會趁春夏兩季食物豐盛的時候儲存厚厚的一層脂肪。

當肥胖的大黑熊整個冬天正香甜地呼呼大睡時，郊狼則在努力地覓食中。郊狼的身材瘦長而結實，也十分機警，牠相當期待寒冬帶給牠的「意外收穫」。極嚴寒的天氣降臨美國的黃石時，那些繁殖季晚期出生還無法獨立攝食的幼獸、老、弱和受傷的動物，都會在攝氏零下35度的嚴寒中凍死。牠們凍僵的屍體散布在這片嚴寒大地上——簡直就是郊狼的深凍冰箱。

在冬季，公郊狼交配之後留下母郊狼獨自生產、哺育寶寶，自己隻身出去獵食。郊狼會用側邊的牙齒從凍死動物的屍體上切下一條條凍僵的肉。填滿肚子以後，牠就會回到母郊狼所在的洞穴中，嘔出一灘像燉肉一般熱騰騰的嘔吐物，然後一起享用。雖然比不太上外賣的披薩，也還……可以吧……所以就算熊和郊狼生活範圍很接近彼此，熊主要還是靠夏天裡豐盛的食物維生，而郊狼則是在冬天大吃大喝。

在冬天，大地被雪給覆蓋，河流會結凍，果樹和灌木都在休眠。我們的大黑熊朋友蜷縮在溫暖的地洞裡，也進入了休眠。

這隻睡眠中的熊減慢了呼吸與心跳，體溫也下降了好幾度。那身濃密的毛皮能防止水分的流失，尿液也能回到身體被重新吸收——很厲害吧？

時鮮

黑熊會在春夏兩季不停地進食。濃密的黑毛下那層厚厚的脂肪來自黑熊所吃的腐肉和齧齒類，裡頭富含了蛋白質。而鮭魚則為牠的飲食中補充了充滿礦物質與維生素的油脂。

郊狼馬不停蹄而穩健地大步奔跑——一天能跑上**70**公里。

腳步輕盈

郊狼跑步的速度能達到每小時**65**公里；跳躍的高度能達到**4**公尺高。

黑熊是爬樹好手，多虧了牠們那短而不能伸縮的爪子。

狡猾的郊狼

郊狼是聰明且適應力極強的獵手——水性很好，抓魚不是問題，牠還能挖出貝類並打開牠，也喜歡吃蛇、青蛙、昆蟲和腐肉。

分布範圍

美洲黑熊遍布在北美各地，從加拿大到墨西哥都有。而郊狼分布的區域則是從加拿大起一直到中美洲的巴拿馬。

在郊狼斷奶之後，公郊狼和母郊狼會一起出去獵食以餵養寶寶。春天來臨時，小郊狼就能獨立謀生，七個月大的時候牠們就會離開原本的窩。

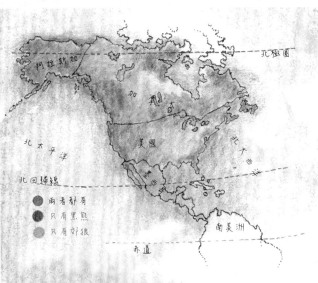

北極圈

阿拉斯加

加

北太平洋

美國

北大西洋

北回歸線

● 兩者都有
● 只有黑熊
● 只有郊狼

南美洲

赤道

機會主義行為

我時常納悶為什麼禿鷲不只頭頂是禿的，
連脖子上也沒有羽毛。牠們只吃腐肉嗎？

很多禿鷲的頭上幾乎一根羽毛都沒
有。這是因為牠們吃腐肉，還要經
常在動物殘骸裡翻找軟組織和內
臟，所以頭上或脖子上的羽毛很快
會被血污纏結得亂七八糟的。

a
白兀鷲
*Neophron
percnopterus*

b
肉垂禿鷲
*Torgos
tracheliotos*

c
王鷲
*Sarcoramphus
papa*

d
胡兀鷲
*Gypaetus
barbatus*

我時常納悶為什麼禿鷲不只頭頂
是禿的，連脖子上也沒有
羽毛。牠們只吃腐肉嗎？

不同的禿鷲在外貌和體型
上差異相當大，不是所有的禿
鷲都是禿的。有些禿鷲軀幹很大，
大腿壯碩，有雙強而有力的腳，脖子則
像斧頭的柄，鳥喙像斧頭的刃。有些品
種，比如蛇鷲，就是苗條、優雅、羽毛
光鮮亮麗的動物。除了這兩種極端，另
外還有其他各式各樣的禿鷲。

白兀鷲(a)最愛吃鴕鳥蛋。牠能用

鳥喙叼起一塊大石頭，把它當成槌子敲
開蛋殼。肉垂禿鷲(b)的脖子很短，腿和
肩膀像舉重選手一樣強壯。牠能撕
開動物堅韌的外皮，也能咬穿肌
腱。牠還能咬碎和吞下小塊
骨頭。王鷲(c)的頭上引人
注目的毛飾的裝飾目的大
於實際用途。胡兀鷲是特
化程度最高的禿鷲，牠幾乎只
吃大骨頭。無法被牠強有力的喙
咬碎的骨頭會被叼到空中，再砸到
地面的石頭上。如此一來，碎掉的骨頭
——尤其是裡面富含營養的骨髓——就
能被輕易攝取了。

胡兀鷲是生活在山裡的鳥，吃大骨頭維生，比如犛牛的骨頭。牠把骨頭帶到高高的空中，再砸到地面的石頭上。胡兀鷲會跟著俯衝而下，從碎骨中揀裡面的骨髓吃。骨髓占胡兀鷲飲食的 **90%**。牠的以前的名字在英文裡是 *ossifrage*，意思是：碎骨者。

胡兀鷲跟很多兀鷲不一樣，牠的頭不是禿的。黑色的鬍鬚也讓胡兀鷲在英文中有另一個以牠的鬍鬚來命名的稱法：*bearded vulture*。牠生活在非洲、印度、西藏和南歐的高山上。

機會主義行為

康多兀鷲利用上升的氣流和熱流，幾乎不需花費多少力氣就能持續飛行在牠廣闊的生活範圍中。牠的翼展能超過3公尺寬。

天葬

印度的一些偏遠山區土地上石頭很多，挖掘墳墓不容易。有一種持殊階級的和尚會把死者屍體剖開（經過肅穆的法事與誦經），然後讓禿鷲來對屍體做最後的處理。我想我不介意被這些大鳥吃掉。這應該不會比被放進一個地洞裡更難受吧。

紅頭美洲鷲
Cathartes aura

在美國，紅頭美洲鷲會站在高高的仙人掌食肉上俯瞰地面尋找腐爛的動物。在空中搜尋有的禿鷲都會乘著上升的熱時，所以牠可以節省乘著空氣中的氣流來飛行，能量消耗。

想像下面這個場景：獅群獵殺了一隻老角馬羚，飽餐了一頓。剩下的殘骸接下來就要被幾種不同的禿鷲享用。第一種有長而無毛的脖子和纖細的鳥喙，牠們的舌頭像砂紙一樣粗糙，能深深探入死掉的動物腹部（所以牠們的頭和長脖子都是禿的）並啄出裡面的內臟和軟組織來吃。接著，又會來一些鳥喙更尖更利的禿鷲，那些像刀刃一樣的喙能從骨頭上撕下肌肉組織並啄出頭骨裡的碎肉。第三種禿鷲，也就是胡兀鷲，能撕開毛皮和肌腱，再把爪子深入屍體最堅硬的部分，把較小骨頭挑出來吃掉。

康多兀鷲
Vultur gryphus

牠是兀鷲家族中體型最大，也是最華麗的。那身烏黑發亮的顏色中夾雜了帶金屬光澤的羽毛，而一對巨大的翅膀光是一邊就和一個成年男子一樣大，飛行時它們負責支撐兀鷲的身體。

「比起猿猴的頑劣、灰狼的殘忍或者兀鷲的饑不擇食，人類的卑鄙、不公和自私更教人坐立難安。」
——尚·保羅·沙特

蛇鷲
Sagittarius serpentarius

雖然牠也能吃小型哺乳類和一些大型昆蟲，蛇鷲的主食仍然是蛇，這也是牠名字的由來。牠會飛，可是偏好走路。在開闊的草原上，蛇鷲用修長優雅的雙腿邁著大步。任何種類的蛇牠都吃，包括最大型的蛇也吃。牠也不管蛇有沒有毒——蛇鷲對蛇毒有免疫力。

47

適應

鯨魚既然長得像魚，又生活在水中，
為什麼還算是哺乳類呢？

如果牠們是哺乳類，那麼跟人類有親緣關係嗎？

鯨魚絕對是哺乳類，因為哺乳類的所有特徵牠都有。牠們是溫血動物，也會呼吸空氣。在懷孕9-16個月之後鯨魚會產下活體幼兒，用兩個乳腺（乳頭）給一胎一隻的寶寶餵奶。牠們非常適應海中生活，被稱為海洋哺乳動物，屬於鯨目，這個目一共包含了78個物種。

在3.5到2.5億年前，生活在水中的生物變成了兩棲動物，接著兩棲動物又演化成完全生活在陸地上、和哺乳動物有些像的爬蟲類，牠們在2.2億年前的三疊紀期間演化成真正的哺乳動物，而現代的陸地動物也從此開始進化。

接著，一個原因至今不明的奇怪事件發生了。6400萬年前，所有的恐龍突然從地球上消失，大滅絕發生了。又過了一陣子——大約幾百萬年而已——我們現代的有蹄類動物的始祖又回到水中，四肢開始變化，也進化出流線型的身體，最後演變成鯨魚。所以，鯨魚的確是哺乳動物，但是跟我們沒有親緣關係。我們是從完全不同的分支演化來的。不過，下一次你經過牧場看到裡頭的馬匹時，或許就能有些不一樣的聯想。

巴基鯨

龍王鯨

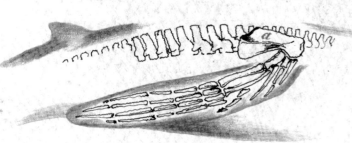

座頭鯨的肩胛骨（a）以及鰭狀肢裡的肱骨和手骨——顯然是由陸地動物的骨骼進化而來的。

在大鯨魚的嘴裡，鯨鬚已經取代了牙齒。它是一種角蛋白（就像你的指甲和頭髮，或者刺蝟背上的刺）。鯨鬚像一張巨大的捕蝦網，蝦子會被困在裡頭，而鯨鬚能夠讓水通過排出。

藍鯨

藍鯨是地球上有史以來最大的哺乳動物，只吃微小的浮游生物。捕鯨活動曾經嚴重減少藍鯨的數量，至今也還名列瀕臨滅絕的物種名單中，不過近年來數目有回升的趨勢。我們可以繼續為牠們祈禱！

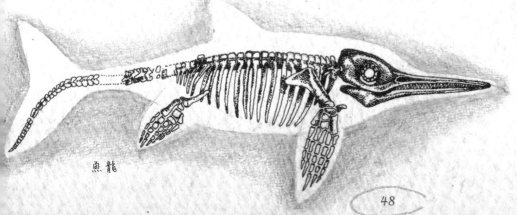

魚龍

這是我，我的體重是84公斤。

座頭鯨 Megaptera novaeangliae

座頭鯨是海中的特技演員，最喜歡在水面上乘風破浪。

這是我的一堆朋友！一共有625個！他們的總重量代表一頭成年藍鯨每天所吃進的蝦的重量。1000隻蝦的重量是1公斤——算算一隻有多少隻蝦！

一個180公分的成年男子、一頭2公尺長的白腰鼠海豚、一頭6公尺長的虎鯨，還有那溫和的巨人——身長24公尺的藍鯨——的尺寸比較。

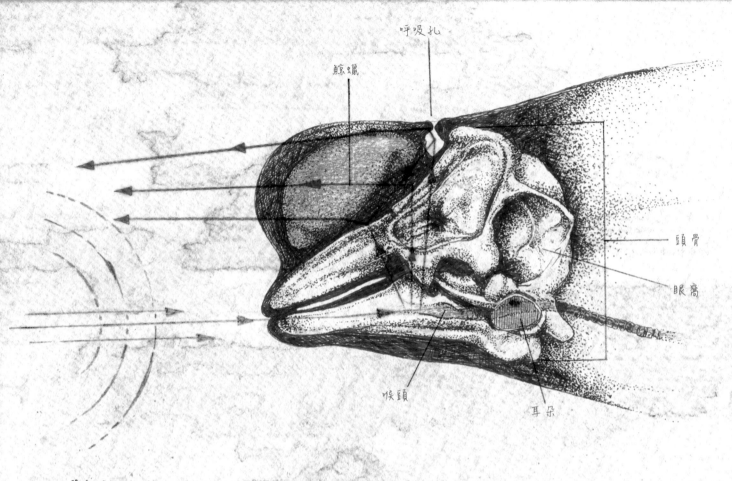

呼吸孔

鯨蠟

頭骨

眼窩

喉頭

耳朵

回聲定位

一般的鯨魚或海豚的頭部。鯨魚的聲帶發出的喀喀聲和哨聲會通過額隆下的鯨蠟對外發送，回聲則透過下顎傳回耳朵中（這個假設尚未被證實，不過有它的合理性）。

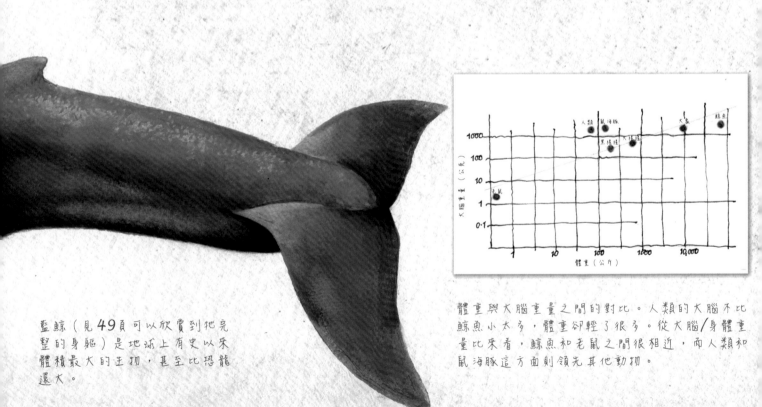

藍鯨（見49頁可以欣賞到牠完整的身軀）是地球上有史以來體積最大的生物，甚至比恐龍還大。

體重與大腦重量之間的對比。人類的大腦不比鯨魚小太多，體重卻輕了很多。從大腦／身體重量比來看，鯨魚和老鼠之間很相近，而人類和鼠海豚這方面則領先其他動物。

逆戟鯨 Globicephala melaena

魚鰭相當修長的逆戟鯨（典型的鯨群一群會有六隻成員）不顧一切地朝淺水和海灘方向游去。他們不知道自己的定位系統已經被嚴重干擾，所以他們認為的深海區域，實際上是岸邊的氣海介面。很快，他們就會擱淺，因為深信不疑深海在更內陸的方向，鯨魚就回不了海裡。

條紋海豚
Stenella coeruleoalba
3公尺

真海豚
Delphinus delphis
2.5公尺

中華白海豚
Sousa chinensis
3公尺

白鯨
Delphinapterus leucas
5公尺

瑞氏海豚
Grampas griseus
4公尺

一角鯨
Monodon monoceros
4.5公尺（不包括角的長度）

現在還住在地球上的所有爬行類都是3億多年前一項偉大的演化實驗的產生的結果。魚類開始能在陸地上和水中同時生活——牠們變成了兩棲動物。所有後來演化出的脊椎動物——包括你我在內——的最初源頭就是牠們。沒錯，我們的遠祖就是兩棲動物，所以我們跟鱷魚有親緣關係。

演化的進程會遵循不斷改良的原則一路向下發展而很多時候演化還是

以及整個龐大的恐龍家族。從原來19或20目那麼多爬行動物，今天只剩下三個主要的目——一目包括所有的蜥蜴和蛇，另一目是海龜與陸龜，第三個目，當然是鱷魚類。他們是最古老的爬行動物——主龍類唯一的血脈，鱷魚也的確與恐龍有非常近的親緣關係。鱷魚最厲害的兩點是：第一，居

會走到末路。隨便找任何系譜樹來看（爬行類的系譜樹更是異常複雜），上面很多的演化進程最後都發展不下去。這些滅絕的物種包括：水裡頭著名的魚龍、會飛的巨大翼龍，

然逃過了令恐龍絕種的大滅絕；第二，三疊紀岩石中所找到的鱷魚化石，居然長得跟今天的鱷魚一模一樣。經過了2.5億年一點也沒有

改變——難道是最初設計好的鱷魚已經無可挑剔？

剛孵化完成的小鱷魚用口鼻部尖端的一枚尖「牙」把皮革般的蛋殼撕開。鱷魚媽媽會持續守護這一窩寶寶，直到牠願意再一次交配為止。小鱷魚非常敏捷，經常會爬到樹上抓小鳥。跟恐龍和鯊魚一樣，鱷魚的牙齒在磨損或斷裂後，裡面的新牙齒會長出來遞補——真了不起的系統！這隻會是鱷魚還是恐龍？都有可能……

「我要踩著這根原木過河。」
「那不是原木，是鱷魚。」
「胡說，這就是原木，看我走得好好的！」

「隊長，你還好吧？」
「不好，把我的腿從木頭裡拉出
來！」

——格勞喬·馬克思

灣鱷
Crocodylus porosus

生活在印度與澳洲南部以及印尼的灣鱷是現代的捕食
者中最讓人害怕的。牠的身長最長可達 **6.5** 公尺，是
現存的肉食動物中最危險也是最兇猛的物種之一。比
起其他的鱷魚，灣鱷更喜歡生活在水中，而且能在
淡水或鹽水（海水）中游很長的距離。牠很少踏上
陸地——真是好險！

這隻小鱷魚的骸骨是在比利時
的柏尼沙赫發現的，被命名為
Bernissatia fagesii。在
牠身邊同時還發現了一種生活
在 **1** 億 **3000** 萬到 **1** 億 **1000**
年前的恐龍——禽龍——的遺
骸。*Bernissatia fagesii*
與現代的鱷魚異常相似。

53

捕食

為什麼在馴鹿群尋找新草場的遷徙途中，
人類不能阻止狼獵殺牠們呢？

寒冷的天氣一到，成千上萬頭馴鹿會散發牠們獨有的氣味到空氣中，集體踩著腳步溜下山來（場面有些像山崩），離開已經被吃得乾乾淨淨的夏季攝食處，開始往較溫暖的南方尋找新的冬季牧場。這一大群鹿非常清楚，這趟遷徙途中存在的潛在危險。繁殖季晚期出生的幼崽容易疲勞、跟蹌而到半途就走不下去。老馴鹿歷經這樣的遷徙很多次了，其中不乏肺葉裡長滿肺線蟲、小腿骨受傷骨折，或者患了青光眼而兩眼昏花的老馴鹿，大遷徙對牠們來說太艱苦，於是牠們離開隊伍前進的主線，站在一旁咳嗽、咩咩叫，放棄了前進。大遷徙正是如此無情的考驗。

灰狼 *Canis lupus*

灰狼是群居動物，行為會遵守嚴格的社會規範。牠們帶頭的首領是一隻領頭母狼。牠會選擇狼群中最優秀的公狼作為伴侶，也只有這兩隻狼才有權力繁衍後代。這隻領頭公狼會不斷受到年輕公狼的挑戰，不過只要牠有足夠的能力，狼群還是會遵守規則，為了共同的利益而奮鬥。共同利益在這裡指的就是肉，如果要獵得肉，狼群就必須合作。

這一天，狼群中的其中12頭為了振奮軍心，對著月亮嚎叫一個小時之後出發了，牠們要攔截像洪流一樣遷徙的鹿群。牠們進攻的戰線很廣，引起馴鹿四下逃竄。狼並不笨，牠們是為了找出弱者才故意直擊鹿群。老弱殘兵才是灰狼現在要鎖定的目標。

兩頭年輕公狼和一頭體型大的長腿的母狼巧妙把自己插進鹿群和一隻年老的公馴鹿之間。老馴鹿吃力地奔跑，終於體力不支只能停下來喘氣——這時牠已經與鹿群隔絕了。

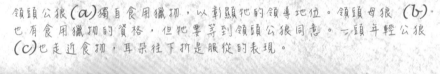

領頭公狼（a）獨自食用獵物，以彰顯牠的領導地位。領頭母狼（b）也有食用獵物的資格，但牠要等到領頭公狼同意。一頭年輕公狼（c）也走近獵物，耳朵往下折是服從的表現。

a

c

b.

馴鹿的腳印

馴鹿在英文裡
有 *caribou* 與
reindeer 兩種稱呼
Rangifer
tarandus

於是，第一頭公狼在牠的後腿——膝蓋以下的部分——咬了一大口。其他的狼馬上從同一邊把鹿抓緊，合作把牠拖到地上。那頭大母狼上前咬住公鹿的咽喉，力道足以切斷牠的氧氣供應。不用太久，鹿就在還來不及感到痛苦前向命運投降了。溫暖的鹿肉讓12頭狼貪婪地飽餐了一頓，兩頭母狼為了要餵窩裡的小狼更是狼吞虎嚥。牠們會給小狼嘔出一灘熱騰騰的美味肉湯。要讓馴鹿滅絕，最好的辦法就是把所有的狼都除掉。狼群並不是故事裡寫的那種惡棍，反而還會對鹿群的生存有重大的影響。鹿的每次大遷徙都考驗著狼身為捕食者的能力。同樣的，鹿群也受到了「鑑定」，要確保沒有生病、羸弱，或不合格的個體能生存並繁衍後代，這樣一來，就不會有不良的基因繼續拖累鹿群。雖然聽起來很冷酷無情，但這是大自然的堅持——只有最優良的個體才能繁衍後代。同時狼也在受到考驗，必須要在一定水準之上的狼，才能為捕獵盡一份心力。無法達到標準、無法對共同利益做出貢獻的狼也不會被群體包容。消滅了狼，絕對等於是在消滅馴鹿。

為什麼蝰蛇有毒，而水遊蛇無毒呢？

水遊蛇屬於黃頷蛇科，這一科大約包括了所有已知蛇種的三分之二。蝰蛇（也被稱為蝮蛇）屬於蝮蛇科，值得慶幸的是，這個科的蛇種要比黃頷蛇科的少多了。水遊蛇不需要蛇毒，因為追捕到獵物之後牠會直接生吞。水遊蛇活躍的生活模式同時也反映了消化系統的效率（想像一下吃飽後馬上跑步），飽餐一頓不久後牠很快就能再度捕獵。而蝰蛇的

水遊蛇水性很好，非常擅長捕青蛙。

身體寬大，習性慵懶，幾乎所有時間都躺在溫暖的石頭上或者石縫裡打瞌睡。牠們不會捕獵，而是會突擊牠們的獵物。一旁經過水遊蛇的動物（老鼠、田鼠、青蛙、小鳥……）都會被毒蛇咬傷後癱瘓。因為毒液裡含有高效的酶，能由裡到外開始消化牠的獵物。

這隻綠森蚺（Eunectes murinus）身長12.5公尺，是在2003年捕獲的。圖中是牠和傑克森變色龍（Chamaeleo jacksonii）的體型對比

蛇用分叉的舌頭來「聞」空氣。那分叉能幫助蛇確定氣味的方向。

56

極北蝰 (a) Vipera berus

身體粗壯，尾巴短而鈍，背上有明顯鋸齒狀花紋，身體顏色從淡黃色到幾乎純黑都有

水遊蛇 (b) Natrix natrix

身體纖長，有斷斷續續的不規則花紋

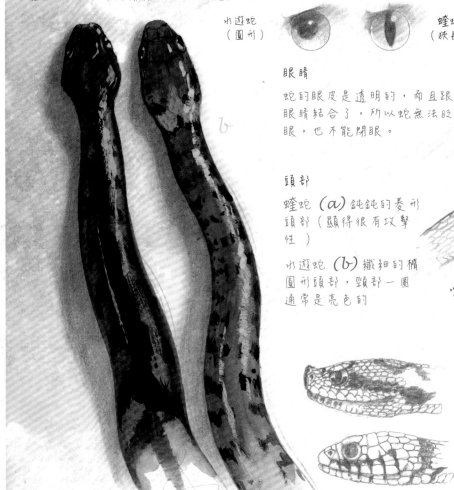

水遊蛇
（圓形）

蝰蛇
（狹長）

眼睛

蛇的眼皮是透明的，而且跟眼睛結合了，所以蛇無法眨眼，也不能閉眼。

頭部

蝰蛇 (a) 鈍鈍的菱形頭部（顯得很有攻擊性）

水遊蛇 (b) 纖細的橢圓形頭部，頸部一圈通常是亮色的

頭部

蛇可以不經咀嚼直接吞下巨大的獵物，因為牠們的上下頜並沒有完全接合，而是由一條富有彈性的韌帶連著。同時，牠們的方骨很長，在關節處的功能形同一組鉸鏈。

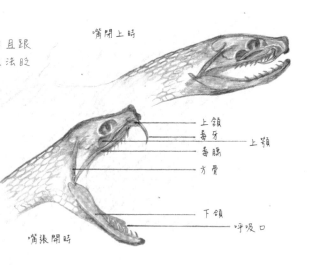

嘴閉上時

上頜
毒牙
上顎
毒腺
方骨

下頜
呼吸口

嘴張開時

牙齒

牙齒向後鉤可以防止獵物往外逃，還能把獵物送入咽喉中。嘴巴下方的一個小管（呼吸口）能防止蛇因為口中的獵物而窒息。

毒牙

毒液管連接著頭部後方的毒腺與空心的毒牙

1　　**2**

蛇的毒牙　皮下注射針頭

歐洲蝮蛇 Vipera aspis

這是種生活西南歐的毒蛇。被牠咬傷比被歐洲極北蝰咬傷要嚴重得多，在所有的案例中有 **10%** 會致命。如果被歐洲蝮蛇咬了，不要亂動，用一比六的水和漂白劑的混合液清洗傷口。馬上打電話叫醫生給你打一針抗毒血清。

我見過一隻隼從**30**公尺的高空向下俯衝去抓一隻老鼠。

從那麼遠的地方看到草叢中的老鼠，隼是怎麼辦到的？

松雀鷹
Accipiter nisus

雀鷹的眼睛長在頭顱的正前方。

a

人類的眼睛裡，每平方公厘的視網膜上有**15**萬個視細胞。
而隼差不多有**100**萬個。

如果我是老鼠，我就要開始擔心了！

隼從**50**公尺外看到的老鼠

人類（我們）從**5**公尺外看到的老鼠

答案很簡單：高度與視力。我們可以來研究一下雀鷹的眼睛。鳥類進化的過程中會需要愈來愈複雜的大腦，以及更為精細的眼球，好用來應付行動中會遭遇到愈發複雜的挑戰。一隻腦部構造較原始的爬行動物在緩慢爬行時也許會撞到一顆樹，而只有那顆樹會受傷。而飛行時速高達每小時70公里的隼則需要有遠近距離都能清晰聚焦的眼睛。在能夠躲開樹枝、天線與各種障礙物的同時，隼也要能迅速定位出天敵或是牠的早餐的所在處，這樣才會有足夠的時間逃命，或者是進攻。

松雀鷹(a)是種短翅鳥類（因為牠的翅膀真的比較短！）牠通常在森林中獵食，所以視力不需要能看得太遠。牠需要的是高速、近距離聚焦，以及像特技演員一樣靈巧的飛行技術。特殊的視覺使松雀鷹明亮的眼睛呈現橘色。隼(b)的眼睛大致上都是黑色的。牠需要能看遠距離的視力。你能看清足球場另一頭的報紙上的小字嗎？隼絕對看得很清楚⋯⋯

隼有兩項了不起的本領——牠能憑藉微風讓自己懸在空中一動也不動，當身體為了維持原有的位置而進行調整時，牠的頭部能完全固定在同一個地方，所以能看出任何細微的動靜。

一個成年人的眼睛只占了整顆頭重量的1%，而隼的眼睛則占了四分之一。鳥類察覺四周環境的情形大部分靠的就是眼睛——其他感官全部加起來的都比不上眼睛。猛禽類的眼睛進化的完美、精良的程度，在動物界中算是所向無敵了。

水下的物體實際位置可能跟眼睛裡看到的不太一樣……

這根針看起來被折彎了——我們知道它其實是直的——為什麼？折射！在水中，物體呈現的影像位置會改變。

……不過，翠鳥仍然有辦法捕魚。牠盡可能從垂直的方向向下攻擊，可以減少折射的問題。

聰明！！

1 眼睛看到的位置
2 實際位置
3 看到的與實際位置

被汽車頭燈照到的動物的眼睛都亮得發光，因為燈光從牠們眼底反射出來時，也染上了視網膜色素層的顏色。

隼鷹的眼睛其中一個設計精良之處，就是能從眼球的左邊開到右邊的第三層眼瞼。每眨一下，它能先朝外替眼角膜刷上眼淚，眼瞼收回時再把正常眼瞼的裡層清潔一遍——是能夠確保視線絕對清晰的內建雨刷。

試著把手電筒的光打在亮晶晶的湯匙勺部。我們的眼睛看起來會是暗紅色的（看看閃光燈拍出來的照片也可以）。就像我剛說過的，我們的眼睛沒有那麼發達！

「智慧的雙眼使雅典娜的鳥能夠化黑暗為光明。」
紅隼

隼的眼睛的示意簡圖。從物體投射過來的光穿過眼房液，被水晶體聚焦到視網膜上。

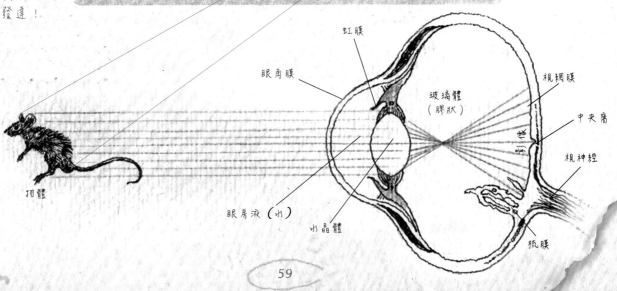

虹膜

眼角膜

玻璃體
（膠狀）

視網膜

中央窩

視神經

物體

眼房液（水）

水晶體

脈膜

蜘蛛為什麼不會被黏在自己的網子上？

我們來好好研究一下蜘蛛網的奧妙。蜘蛛會用高度進化的腺體分泌蛋白質液，牠的腹部上還有小小的「手指」能把這種液體擠成一根纖細而又堅韌的彈性絲線。一隻小小的圓蛛能用嘴巴與後腿不斷地把這根蜘蛛絲截斷、接合，一兩個小時之內就能創造出艾菲爾和布魯內爾（Isambard Kingdom Brunel）都辦不到的大工程。

蜘蛛網的周邊布滿了交叉的支撐絲（像那種用來把帳篷繃緊的繩索）以及不具黏性的通道絲，供蜘蛛在上面靈活移動。不過，那些環形的絲就全都有黏性，偶然撞上去的飛蟲很容易就陷入膠著。蜘蛛一點都不笨。蜘蛛網的中心是「自由區」——沒有黏性——蜘蛛就等在那裡，直到飛蟲來自投羅網。

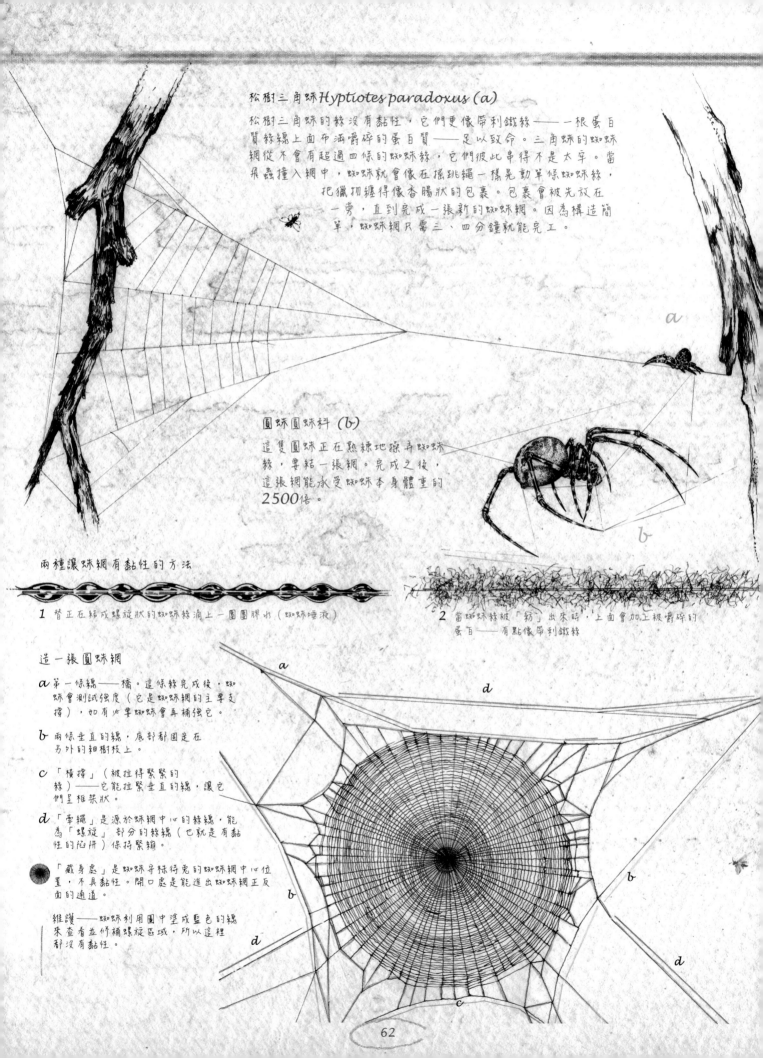

松樹三角蛛 Hyptiotes paradoxus (a)

松樹三角蛛的絲沒有黏性，它們更像帶刺鐵絲——一根蛋白質絲線上面布滿嚼碎的蛋白質——足以致命。三角蛛的蜘蛛網從不會有超過四條的蜘蛛絲，它們彼此串得不是太牢。當飛蟲撞入網中，蜘蛛就會像在搖跳繩一樣晃動單條蜘蛛絲，把獵物纏得像香腸狀的包裹。包裹會被先放在一旁，直到完成一張新的蜘蛛網。因為構造簡單，蜘蛛網只需三、四分鐘就能完工。

圓蛛圓蛛科 (b)

這隻圓蛛正在熟練地操弄蜘蛛絲，要結一張網。完成之後，這張網能承受蜘蛛本身體重的 **2500 倍**。

兩種讓蛛網有黏性的方法

1 替正在結成螺旋狀的蜘蛛絲滴上一圈圈膠水（蜘蛛唾液）

2 當蜘蛛絲被「耙」出來時，上面會加上被嚼碎的蛋白——有點像帶刺鐵絲

造一張圓蛛網

a 第一條纜——橋。這條絲完成後，蜘蛛會測試強度（它是蜘蛛網的主要支撐），如有必要蜘蛛會再補強它。

b 兩條垂直的纜，底部都固定在另外的細樹枝上。

c 「橫撐」（被拉得緊緊的絲）——它能拉緊垂直的纜，讓它們呈框架狀。

d 「牽繩」是源於蛛網中心的絲纜，能為「螺旋」部分的絲纜（也就是有黏性的陷阱）保持緊繃。

● 「藏身處」是蜘蛛守株待兔的蜘蛛網中心位置，不具黏性。開口處是能進出蜘蛛網正反面的通道。

│ 維護——蜘蛛利用圖中塗成藍色的纜來查看並修補螺旋區域，所以這裡都沒有黏性。

索引